단골반찬

청담동 단골 반찬

2판 14쇄 발행 2023년 8월 22일

지은이 | 정미경
펴낸이 | 김선숙, 이돈희
펴낸곳 | 그리고책

주소 | 서울시 서대문구 연희로 192 이밥차빌딩 4층
대표전화 | 02-717-5486~7
팩스 | 02-717-5427
출판등록 | 2003.4.4 제 10-2621호

본부장 | 이정순
편집 책임 | 박은식
편집 진행 | 홍상현
영업 | 이교준
경영전략 | 문석현

포토디렉터 | Raygraphos 김성수, 율스튜디오 박형주
포토그래퍼 | 조민정, 안가람
푸드스타일링 | 이현애, 양지영, 김정아, 김윤진
요리 어시스트 | 한유현, 이진희, 김단비, 최문경
교열 | 김혜정
디자인 | 임병천
표지 디자인 | 렐리시(relish.ej@gmail.com)

© 2023 그리고책
ISBN 979-11-956240-1-0 13590

· All rights reserved. First edition printed 2010. Printed in Korea.
· 이 책을 무단 복사, 복제, 전재하는 것은 저작권법에 저촉됩니다.
· 잘못 만들어진 책은 바꾸어 드립니다.
· 책 내용 중 궁금한 사항이 있으시면 그리고책(Tel 02-717-5487, 이메일 tiz@2bc.co.kr)으로 문의해 주십시오.

청담동 정선생의 사계절 밥상

청담동 단골반찬

그리고책
andbooks

prologue

요리를 가르치기 시작한 것이 1987년 5월이었으니 제가 요리연구가의 길을 들어선 지도 벌써 30여 년이 되었습니다. 제 인생의 반이 넘는 시간을 이 일을 하며 지낸 거죠. 지금도 감사한 일은 의도하지 않게 들어선 이 길이, 신기하게도 언제 이렇게 많은 시간이 지나갔나 싶을 정도로 단 한 번도 지루하거나 후회 한번 없이 너무나 행복하고 즐거운 일이었다는 것입니다.

뒤돌아보면 어린 시절부터 요리는 제게 즐거움과 행복의 대상이었던 것 같습니다. 계절마다 새로운 식재료들이 나와 있는 시장은 그 어떤 곳보다 제겐 재미있는 놀이터였고, 양손 가득 사 가지고 온 재료들을 펼쳐 놓고 엄마와 함께 다듬으며 신기해하던 기억이 납니다.

맛있게 그 음식을 먹어줄 사람을 생각하며 요리를 하고, 그렇게 만든 마음을 느끼면서 요리를 먹고 그러면서 주고받게 되는 사랑의 감정을 어디에서 또 찾을 수 있을까요? 요리에는 행복과 감동이 있습니다. 정성스럽게 다듬은 채소 잎사귀와 줄기에서, 곱게 다진 마늘의 조각 크기에서, 일정하게 썬 재료 하나에서도 그 마음은 고스란히 드러나고 그래서 우리는 그 음식과 함께 그 사랑을 함께 먹습니다.

다른 것은 생각도 안하고 살던 제가 의뢰를 받고 오랜 고민 끝에 신세계 SSG 푸드마켓에 정미경의 사계절반찬이라는 반찬 가게를 열었습니다. 그 행복감을 더 나누고 싶었나 봅니다. 건강하고 좋은 식재료와 양념을 고르기 위해 직접 용대리 덕장을 찾아가고, 횡성의 더덕을 찾아가고, 남해의 멸치를 찾아가고…… 집에서 제 가족을 위해서 만드는 음식 그대로 내려하니 손도 더 가고 정성도 더 가고 시간과 노력이 두 배로 들지만 드시는 분들이 알아주심에 감사해하며 오늘도 열심히 요리를 만듭니다.

사계절반찬의 오픈을 계기로 많은 분들의 건강하고 행복한 가족 밥상에 도움이 될 수 있기를 바라는 마음으로 다시 한 번 요리책 작업을 했습니다. 레시피를 꼼꼼히 살피고, 많은 분들이 찾아주시는 사계절반찬의 베스트 메뉴를 챙겨 넣었습니다. 특히 누구나 쉽게 따라할 수 있도록 밥숟가락과 계량스푼의 두 가지 계량법을 모두 함께 담아 선보입니다.

언제나 신뢰 그 이상의 신뢰로 늘 큰 힘이 되어주는 그리고책의 김선숙 대표님, 꼼꼼하게 정성을 들여 책을 멋지게 탄생시켜준 아름, 늘 내 손발이 되어주는 은주, 이밥차 연구소의 단비와 문경, 마지막으로 나의 첫 번째 요리 스승이신 우리 엄마, 그리고 언제나 제 삶의 이유와 힘이 되어주는 가족에게 깊은 감사와 사랑의 마음을 전합니다.

정 미 경

contents

PART

01

사계절
내내
맛있는
집밥 이야기

계절별 재철재료

요즘에는 사계절 못 구하는 재료는 없다지만 그래도
제철재료로 만든 음식 맛에 비할 수 있을까요?
그 철을 대표하는 채소, 과일, 어패류야말로 맛과 영양을
그대로 지니고 있어 보약이 따로 필요 없을 정도죠.
제철에 나오는 신선한 재료로 맛있는 반찬을 만들어 보세요.

봄(3~5월)

채소
봄동, 열무, 총각무, 얼갈이, 달래, 돌나물, 부추,
고사리, 상추, 양배추, 쪽파, 죽순, 애호박, 호박잎,
완두콩, 도라지, 더덕

어패류
도미, 주꾸미, 꽃게, 물미역, 톳, 바지락, 대합,
임연수어, 고등어, 홍어, 오징어, 잔새우, 멸치

봄에 만드는 계절 밥상

달래생무침(p.20)

더덕새송이고추장양념구이(p.28)

참나물생채(p.21)

더덕샐러드(p.30)

여름(6~8월)

채소
오이, 양파, 풋고추, 꽈리고추, 아욱, 근대, 감자, 콩,
매실, 깻잎, 가지, 노각, 열무, 고구마, 도라지, 고추,
옥수수, 부추, 애호박

어패류
전복, 미더덕, 우럭, 조기, 농어, 민어, 병어, 다슬기,
뱀장어, 갈치, 농어, 갑오징어, 성게

여름에 만드는 계절 밥상

구운가지무침(p.45)

깻잎멸치된장찜(p.36)

부추장떡(p.49)

오이물김치(p.214)

가을(9~11월)

채소

양상추, 토란대, 당근, 늙은 호박, 더덕, 부추, 무, 쪽파,
송이버섯, 느타리버섯, 고들빼기, 갓, 연근, 배추, 브로콜리

어패류

광어, 굴, 가자미, 홍어, 우렁이, 맛조개, 전어, 삼치, 대하,
재첩, 양미리, 병어, 정어리, 고등어

가을에 만드는 계절 밥상

검은콩자반(p.76)

꽁치간장조림(p.82)

호두땅콩조림(p.77)

고등어무조림(p.86)

겨울(12~2월)

채소

브로콜리, 연근, 우엉, 냉이, 미나리, 쑥, 취나물, 곰취,
시금치, 갓, 연근, 배추

어패류

동태, 코다리, 낙지, 대구, 패주, 아귀, 김, 미역, 파래,
꼬막, 광어, 가자미, 홍어, 삼치, 대구, 병어, 홍합

겨울에 만드는 계절 밥상

추천

우엉잡채(p.102)

파래무무침(p.104)

코다리양파찜(p.110)

무굴생채(p.98)

13

알아두면 좋은
양념장 공식

몇 가지 양념장만 알고 있으면 무슨 요리든 자신감이 생긴답니다.
요모조모 활용도 높은 기본 양념장 8가지만 골라봤어요.
재료 100g당 간장 1.5순가락(고추장 1순가락)이면 적당해요.

고기 양념장

간장(3) : 설탕(1.5) : 다진 파(1),
다진 마늘(0.5) : 깨소금(0.2),
참기름(0.3) : 후춧가루(0.1)
불고기, 소갈비찜, 갈비구이, 감자조
림, 북어찜 등 짭조름하고 달콤한 간
장양념 요리에 좋아요.

비빔 양념장

간장(3) : 고춧가루(1) : 다진 파(1) :
다진 마늘(0.5) : 깨소금(0.2) :
참기름(0.3)
콩나물밥, 버섯밥, 굴밥 등에 곁들이세
요. 기본 비빔 양념장에 부추, 쪽파, 송
송 썬 고추 등 여러 가지 재료들을 넣
어 다양하게 즐겨도 좋아요.

구이 양념장

고추장(3) : 고춧가루(1) : 간장(1) :
설탕(1) : 다진 파(1) : 다진 마늘(0.5) :
깨소금(0.2) : 참기름(0.3)
더덕고추장구이, 북어구이, 장어구이,
오징어구이 등 입맛을 한껏 돋우는 빨
갛게 양념해 굽는 요리에 사용하세요.

오리엔탈 드레싱

간장(1.2) : 식용유(3) : 식초(1.5) :
설탕(1) : 깨소금(0.3) : 참기름(0.4)
샐러드채소, 구운 채소, 구운 고기 먹
을 때 곁들여 보세요. 새콤달콤 고소
한 맛에 남녀노소 모두 좋아하는 드레
싱이랍니다.

생선구이 양념장

간장(3) : 술(3) : 설탕(2) :
다진 생강(2)
고등어, 삼치, 꽁치 등 생선 구울 때
조금씩 발라가면서 구워 보세요. 음
식점에서 나오는 생선양념구이가 저리
가라 할 정도로 밥도둑이랍니다.

매운 조림 양념장

고춧가루(5) : 고추장(1) : 간장(1.5) :
설탕(0.6) : 다진 파(1) : 다진 마늘(0.5) :
다진 생강(0.2) : 깨소금(0.2) : 참기름(0.3)
닭볶음탕, 매운돼지갈비찜 등 매운 조
림, 찜 요리에 사용하세요. 넉넉히 만들
어 숙성시켜 드실 거라면 참기름은 빼
고 만드세요.

생선조림 양념장

고추장(2) : 간장(3) : 고춧가루(1) :
설탕(1) : 다진 파(1) : 다진 마늘(0.5) :
다진 생강(0.2)
생선 조릴 때 양념장 하나만 제대로
만들면 맛내기는 식은죽 먹기죠. 갈치,
생고등어 등 어떤 생선에도 어울려요.

초고추장 양념장

고추장(4) : 식초(2) : 설탕(1.5) :
간장(1) : 다진 파(1) :
다진 마늘(0.5) : 연겨자(0.3)
비빔국수, 쫄면, 오징어 숙회 등
매콤새콤한 요리에 다양하게
활용하세요.

청담동
단골 반찬

1 나물을 처음 무쳤을 땐 맛있었는데 시간이 지나니 싱거워져요

나물을 무칠 때 꼭꼭 주물러 무치지 않으면 속까지 간이 배지 않아 양념이 겉돌게 됩니다. 이 상태에서 맛을 보면 양념 맛이 먼저 느껴져 원래의 간보다 강하게 느껴지게 되고요. 그러나 시간이 지나 점차 양념이 속까지 배면 처음보다 간이 싱겁게 느껴지게 되죠. 그래서 나물을 무칠 때 물기를 꼭 짠 뒤 무치고, 또 많이 주물러주는 게 좋습니다. 처음 무칠 때 간을 조금 세게 해 무치는 것도 요령입니다.

2 볶음요리에 간이 잘 안 배요

볶음요리는 물을 사용하지 않고 조리하기 때문에 재료의 속까지 간이 배게 하려면 양념을 미리 버무려 두었다가 볶는 게 좋습니다. 재료에 따라 미리 양념을 하지 않는 경우에는 센 불로 조리해 양념의 흡착력을 높여줍니다. 특히 재료가 채소나 해산물인 경우 시간이 지나면 재료의 수분이 나오기 시작하면서 양념과 간이 씻기므로 센 불에서 재빨리 볶아 바로 먹는 것이 좋습니다.

3 감자요리를 하는데 잘 부서져요

조림이나 찜, 그리고 볶음 등에 두루 쓰이는 감자는 다 익고 나면 쉽게 부서져 음식이 지저분해지는 경우가 많습니다. 조림이나 찜에 넣을 때 감자를 팬에 한 번 가볍게 볶아 겉면을 응고시킨 후 조려주면 쉽게 부서지지 않는답니다. 채 썰어 볶을 때는 소금물에 살짝 절여 유연성을 갖게 한 뒤 볶아주면 됩니다.

4 사골국 잘 끓이는 방법이 알고 싶어요

사골은 우선 찬물에 충분히 담가 핏물을 제거해야 특유의 냄새를 없앨 수 있습니다. 3~4시간 넉넉한 물에 담가 핏물을 뺀 후 잠길 만큼의 물을 붓고 5분간 끓여 씻어 덜 빠진 핏물을 빼내줍니다. 다시 5배 정도의 찬물을 붓고 뚜껑을 열어 국물이 뽀얗게 우러날 때까지 끓인 후 국물만 따로 두고 다시 찬물을 부어 반복해서 끓여 처음 우려낸 국물과 섞어줍니다. 국물을 한 번 더 우려내 우거지국이나 찌개 국물 등으로 사용해도 좋습니다.

5 김치를 담갔는데 바로 냉장고에 보관해야 할까요?

김치는 담그고 나서 하루에서 이틀 정도 상온에 두어 적당히 발효를 시킨 후 냉장고에 넣어야 발효로 인한 특유

의 김치 맛이 살아 맛있습니다. 여름이면 반나절이나 하루, 겨울에는 이틀 정도를 상온에 두었다가 냉장고에 넣어주세요.

6 버섯은 씻으면 안 되나요?

버섯은 마치 마른 스펀지처럼 물을 만나면 바로 흡수하는 성질이 있습니다. 그런데 버섯이 물을 흡수하면 그 순간부터 물러지기 시작하므로 가능하면 씻지 않고 조리하는 것이 좋다고 하는 것이죠. 버섯은 깨끗하게 수경재배로 키우기 때문에 씻지 않고 조리해도 그다지 지저분하지 않습니다. 하지만 정 마음에 걸린다면 마른 행주로 겉 부분을 살살 닦아 사용하거나 조리 직전 살짝 씻어 재빨리 물을 털어낸 뒤 사용하세요.

7 온도계가 없는데 튀김 온도는 어떻게 알아요?

튀김 온도를 측정하는 가장 간단한 방법은 튀기고자 하는 재료의 자투리를 넣어보는 것입니다. 재료가 바닥까지 내려가 3초 이내에 올라오지 않는다면 아직 150℃가 되지 않은 것이고, 중간쯤 내려가다 올라오면 160~170℃ 정도로 튀김에 가장 적당한 온도입니다. 그대로 윗면에서 튀겨지면 170℃ 이상의 고온이라고 보면 됩니다.

8 요리하는 시간이 너무 오래 걸려요

같은 요리를 하더라도 어떤 순서로 하느냐에 따라 시간은 줄어들기도 하고 늘어나기도 해요. 우선 하고자 하는 요리에 들어가는 모든 재료를 꺼내 씻어줍니다. 그리고 필요한 양념장을 먼저 만들어 두고 도마 위에서 준비한 재료를 썰어요. (이때 가능하면 깨끗한 재료부터 썹니다.) 미리 양념을 해야 하는 것은 양념을 하고 나서 불조리로 들어가는 것이죠.

밥숟가락으로
계량하기

요리의 시작은 계량. 아무리 좋은 레시피라도 정확한 계량 없이는 맛있는 요리가 될 수 없죠. 계량컵, 계량스푼, 저울 등 부담되시죠? 이제 우리 부엌에 늘 있는 밥숟가락과 종이컵을 활용해보세요. 쉬운 계량으로 맛있는 요리를 쉽게 만들 수 있어요.

가루 분량 재기

설탕(1)

숟가락으로 수북이 떠서 위로
볼록하게 올라오도록 담아요.

설탕(0.5)

숟가락으로 절반 정도만
볼록하게 담아요.

설탕(0.3)

숟가락의 ⅓정도만
볼록하게 담아요.

장류 분량 재기

고추장(1)

숟가락으로 가득 떠서 위로
볼록하게 올라오도록 담아요.

고추장(0.5)

숟가락의 절반 정도만
볼록하게 담아요.

고추장(0.3)

숟가락의 ⅓정도만
볼록하게 담아요.

다진 재료 분량 재기

다진 마늘(1)

숟가락으로 수북이 떠서
꼭꼭 담아요.

다진 마늘(0.5)

숟가락의 절반 정도만
꼭꼭 담아요.

다진 마늘(0.3)

숟가락의 ⅓정도만 꼭꼭 담아요.

청담동
단골 반찬

액체 분량 재기	종이컵으로 분량 재기	손으로 분량 재기

간장(1)

숟가락 한가득
찰랑거리게 담아요.

간장(0.5)

숟가락의 가장 자리가 보이도록
절반 정도만 담아요.

간장(0.3)

숟가락의 $\frac{1}{3}$정도만 담아요.

육수(1컵)

종이컵에 찰랑거리게
가득 담아요.

육수($\frac{1}{2}$컵)

종이컵의 절반보다 살짝 위로
올라오게 담아요.

육수($\frac{1}{3}$컵)

종이컵의 절반이 안 되도록
$\frac{1}{3}$정도만 담아요.

쪽파(한 줌)

손으로 자연스럽게
한가득 쥐어요.

더덕(한 줌)

가지런히 해 자연스럽게
한가득 쥐어요

샐러드 채소(한 줌)

손으로 자연스럽게
한가득 쥐어요.

＋ 계량 스푼이 더 편한 분들을 위해 책에 실린 모든 요리의 재료 분량을 계량 스푼을
활용해 다시 한 번 정리해 두었어요. 책의 마지막에서 확인하세요.

PART

02

—

열두 달
식탁 위의
**단골
밑반찬**

향긋한
봄

달래생무침 봄이 왔어요

봄의 전령사 달래, 매운맛을 내는
뿌리는 칼로 납작하게 두드리고
양념에 가볍게 버무려 뜨거운 밥
위에 얹어 드셔 보세요.
봄 냄새가 바로 느껴질 거예요.

FOR
2

필수 재료 달래(1줌=80g)
양념장 설탕(0.3)+고춧가루(0.3)+
간장(0.7)+식초(0.7)+깨소금(0.2)

01 뿌리를 눌러주지
않으면 두꺼워
썰힐 때 매워요.

달래는 둥근 뿌리 부분의 겉껍질을 벗겨
깨끗이 씻은 뒤 뿌리 부분은 칼 옆면으로
납작하게 누르고,

02

적당한 길이로 썰고,

03

달래에 양념장을 넣고 골고루 버무려
마무리.

참나물생채 참참참

참나물은 재료 본연의 맛과 향이
참 특별한 재료죠. 오죽하면
그 이름도 참나물, 가볍게 양념만
버무려도 참 맛있는 나물이랍니다.

FOR
2

필수 재료 참나물(1줌=50g)
양념장 설탕(0.5)+소금(0.2)+고춧가루(0.1)+
식초(1.5)+참기름(1)+깨소금(0.3)

줄기도
연하니 같이
드세요.

참나물은 씻어 먹기 좋게 썰고,

양념장을 섞고,

숨이
죽지 않도록
살살 버무려
주세요.

먹기 직전에 참나물에 양념장을 넣고
살살 버무려 마무리.

껍질을 벗기는 순간부터 퍼져 나가는 더덕 향은
입맛을 돋우는 데 최고죠. 매콤새콤한 더덕 생채로
입맛 당기는 반찬을 만들어 볼까요?

더덕생채 입안에 향이 가득

FOR
2

필수 재료 더덕(4~6뿌리=100g), 소금(1)
양념 고춧가루(0.5)
양념장 설탕(0.5)+식초(0.7)+고추장(0.3)+다진 파(0.4)+다진 마늘(0.2)+소금(0.1)+깨소금(0.1)

01

더덕의 진액 때문에 비닐 장갑을 끼고 껍질을 벗겨요. 혹시 진액이 묻으면 밀가루를 문질러 닦아내세요.

더덕은 깨끗이 씻어 한 손엔 비닐장갑을 끼고 다른 손엔 필러를 들고 껍질을 벗기고,

02

30분 정도 절이면 충분해요.

반으로 갈라 소금물(물 1½ 컵+소금 1)에 담가 쓴맛을 우리고,

03

더덕이 약간 휠 정도로 절여지면 밀대로 납작하게 눌러 펴고,

04

더덕의 결을 따라 가늘고 길게 찢고,

05

더덕에 고춧가루(0.5)만 넣고 주물러 색을 내고,

06

더덕에 양념장을 넣고 꼭꼭 주물러 무친 뒤 다시 뭉친 것을 풀어헤쳐 마무리.

가늘고 길쭉한 마늘종에 마른 새우를 함께 넣고 볶으면
맛과 색은 물론 영양까지 훌륭해요. 마지막에
양념장을 넣고 재빨리 섞어 볶아야 맛이 골고루 밴답니다.

마늘종건새우볶음 식감이 최고

FOR
2

필수 재료 마늘종(1줌=100g), 마른 새우(1줌), 소금(0.3)
양념장 설탕(0.5)+청주(0.4)+간장(1.5)+참깨(0.2)+참기름(0.2)

마른 팬에 마른 새우를 넣고 약한 불에 가볍게 볶아 면포에 비벼 털고,

마늘종은 4~5cm 길이의 한입 크기로 자르고,

자른 마늘종은 끓는 물(3컵)에 소금(0.3)을 넣고 파랗게 데쳐 찬물에 헹구고,

팬에 식용유(1)를 두르고 마늘종, 새우를 넣고 볶다가 양념장을 넣어 재빠르게 볶아 마무리.

마늘종멸치볶음 영양 반찬

모양도 예쁘고 맛도 좋은
마늘종은 어떤 재료와도 잘 어울리죠.
살짝 데쳐 볶으면 더 선명하고
산뜻한 푸른색이 살아나
입맛을 돋운답니다.

FOR 2

필수 재료 마늘종(1줌=100g), 소금(0.3),
잔멸치(½줌=20g)
양념 소금(약간)
양념장 설탕(1)+고춧가루(0.3)+간장(0.5)+다진 마늘(0.4)+
참깨(0.2)+참기름(1)+후춧가루(약간)

01 마늘종은 적당히 썰어 끓는 물(3컵)에
소금(0.3)을 넣고 파랗게 데쳐 찬물에
헹구고,

02 기름을 두르지 않은 팬에 멸치를 넣고
약한 불에서 볶아 비린내를 없앤 뒤
따로 덜어 놓고,

03 팬에 식용유(1)를 두르고 마늘종과
소금을 넣고 볶다가 숨이 죽으면 멸치와
양념장을 넣고 물기 없이 볶아 마무리.

느타리버섯초회 폼 나는 간편 요리

느타리버섯은 물에 닿으면 금방 물러지므로
씻어 보관하면 쉽게 상한답니다.
씻지 않은 채로 신문지에 싸서 냉장고에
두었다가 사용할 때 꺼내서 살짝만 씻어
물기를 털어내고 사용하세요.

FOR 2	필수 재료 느타리버섯(1줌=150g) 선택 재료 미나리(½줌=30g) 양념장 설탕(0.3)+고운 고춧가루(0.3)+식초(2)+ 다진 파(0.4)+다진 마늘(0.2)+물엿(0.5)+ 고추장(1.5)+연겨자(0.2)+깨소금(0.2)

01 물에 넣어 바로 건져요.

느타리버섯은 낱낱이 떼어 끓는 물에
살짝 데쳐 물기를 꼭 짜고, 양념장은
섞어 두고,

02

미나리는 깨끗이 씻어 적당히 썰고,

03

느타리버섯과 미나리에 양념장을 넣고
버무려 마무리.

향이 진한 더덕을 사다가 살살 두드려 펴서
애벌구이만 해 냉동실에 나누어 넣어 두세요.
필요할 때 꺼내서 양념장만 발라 구우면 편리해요.

더덕새송이고추장양념구이 고기보다 맛있어요

FOR 2

필수 재료 더덕(4개=60g), 새송이버섯(2개)
밑간 참기름(1), 간장(0.3)
양념장 설탕(1)+간장(1)+고추장(1.5)+다진 파(0.6)+다진 마늘(0.3)+깨소금(0.2)+참기름(1)

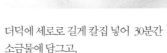

01 비닐장갑을 끼고 필러를 이용하면 껍질을 쉽게 벗길 수 있어요.

02 물(1컵)에 소금(1)을 잘 녹여 사용하세요.

더덕을 소금물에 담그면 유연성이 생겨 쉽게 부서지지 않아요.

03 칼로 더덕의 결의 반대편으로 자근자근 두드려주세요.

더덕은 씻어 윗부분을 잘라내 껍질을 벗기고,

더덕에 세로로 길게 칼집 넣어 30분간 소금물에 담그고,

더덕은 밀대로 눌러 납작하게 한 뒤 칼로 두드려 부드럽게 하고,

04

05

06 달군 팬에 식용유(1)를 두르고 구워도 좋아요.

새송이버섯은 도톰하게 썰고,

참기름(1)과 간장(0.3)을 섞어 더덕과 새송이버섯에 바르고 달군 팬에 앞뒤로 노릇하게 굽고,

양념장을 덧바른 뒤 한 번 더 구워 마무리.

더덕은 그 향만으로도 충분히
입맛을 돌게 하지만 두부와 참깨를 넣은
고소한 소스로 버무리면 그 맛과 향이 더 감동적일 것이다.

두부참깨드레싱과 더덕샐러드 고소하고 향긋한 맛

FOR 2

필수 재료 더덕(2뿌리), 참나물(⅔줌=30g)
선택 재료 방울토마토(5개), 미나리(3줄기)
소스 설탕(0.7)+소금(0.1)+깨소금(0.5)+식초(1.4)+마요네즈(2)+으깬 연두부(3)

01

> 30분 정도 절여 주세요.

> 구부려 봐서 유연해지면 건져요.

더덕은 껍질을 벗겨 세로로 반 갈라
소금물에 담그고,

02

절인 더덕을 밀대로 납작하게 밀어
손으로 찢고,

03

방울토마토는 먹기 좋게 자르고,
참나물은 등분하고,

04

미나리는 굵은 밑동과 잎을 잘라낸 뒤
적당히 썰고,

05

> 간이 배게 꼭꼭 주물러 무쳐 주세요.

소스의 ⅓과 더덕을 무친 뒤 풀어 주고,

06

> 샐러드를 버무릴 때는 젓가락으로 가볍게 버무려야 해요. 손으로 무치듯 하면 손의 열기로 숨이 죽어요.

나머지 채소와 소스를 넣고 젓가락으로
한 번 더 가볍게 버무려 마무리.

달래가 향이 좋을 때 감자를 갈아 섞어 전을 부쳐 보세요.
쫀득한 감자전 특유의 맛에 향긋한
달래의 향이 합쳐져 색다른 맛을 느낄 수 있답니다.

미니달래감자전 쫀득하고 향기로운

FOR
2

필수 재료 달래(½ 줌=50g), 감자(1개), 부침가루(½ 컵), 물(2)
선택 재료 양파(¼개), 붉은 고추(1개)
양념 소금(약간) 초간장 간장(1.4)+식초(0.5)

01

달래는 깨끗이 씻어 머리를 납작하게 눌러
짧게 썰고,

02

양파는 곱게 채썰고, 붉은 고추는 송송
썰고,

03

감자는 강판에 갈아
시간이 지나면 색이
변하니 반죽액과 바로
혼합하세요.

감자는 강판에 갈아 건더기만 건져 달래,
양파와 섞고,

04

반죽은
채소와 혼합이
가능할 정도
양으로
넣으세요.

감자즙에 물(2)을 넣고 부침가루와 섞어
반죽을 만들고,

05

반죽에 감자건더기와 섞어 놓은 채소를
섞어 감자반죽을 만들고,

06

팬에 식용유(2)를 두르고 감자 반죽을 올려
앞 뒤로 노릇하게 지지고 붉은 고추로
장식해 초간장은 곁들여 마무리.

오이생채 동글동글 새콤달콤

오이를 동글동글하게 썰어 소금에
살짝 절여 가볍게 무쳐보세요.
시원하게 감도는 오이 향과
아삭아삭 씹히는 맛이
그만이랍니다.

FOR 2	필수 재료 오이(1개), 굵은 소금(0.2)
	양념 소금(0.2), 고춧가루(0.3)
	양념장 설탕(0.3)+식초(0.5)+다진 파(0.2)+ 다진 마늘(0.1)+깨소금(0.1)

손바닥에
굵은 소금을 놓고
오이를 문지르며
씻어 주세요.

01

오이는 굵은 소금으로 문질러 씻은 뒤
둥글고 얇게 썰어 10분간 소금(0.2)에
절이고,

오이의 씨가
많은 경우 뭉그러질 수
있으니 너무 꼭 짜지 마시고
키친타월로 물기를
빼 주세요.

02

절인 오이의 물기를 꼭 짜고,

먹기 직전
버무려야 물기가
생기지 않아요.

03

오이에 고춧가루(0.3)를 넣고 버무려
색이 나면 양념장을 넣고 버무려 마무리.

깻잎상추들깨겉절이

<table>
<tr><td>FOR
2</td><td>필수 재료 깻잎(10장), 상추(5장)
소스 들깻가루(1)+설탕(1)+식초(1.5)+
식용유(1.5)+소금(0.1)</td></tr>
</table>

깻잎과 상추는 고기와 함께 쌈으로만
드셨다고요? 이젠 감칠맛 나는 양념에
살짝 버무려 겉절이로 무쳐 곁들여
보세요. 쌈장을 얹어 싸먹지
않아도 고기 맛이 살아난답니다.

채소 탈수기가
있다면
이용하세요.

깻잎과 상추는 깨끗이 씻어 체에 밭쳐
물기를 빼고,

집에서 쌈으로
먹는 채소라면
어떤 것이든 사용해도
좋아요.

적당한 크기로 썰고,

소스를 섞어 차게 두었다가 상에 내기
직전에 버무려 마무리.

구수한 된장 양념에 또 구수한 맛을 내주는
굵은 멸치, 그리고 깻잎이 합쳐지면
음~ 상상만 해도 맛있는 고향의 맛이 살아난답니다.

깻잎멸치된장찜 구수하게 입맛 살려주는

FOR
2

필수 재료 국물용 멸치(6~8마리), 청양고추(1개), 깻잎(3묶음=36장)
양념장 물(5)+다진 마늘(0.4)+된장(1)+참기름(0.4)

01

멸치는 머리와 내장을 제거한 후 가위로
잘게 자르고,

02

청양고추는 잘게 다지고,

03

양념장에 잘게 자른 멸치와 다진
청양고추를 섞고,

04

그릇에 깻잎을 2장씩 놓고 양념장을
조금씩 고르게 발라가며 깻잎과 양념장을
켜켜이 올리고,

05

불을 끄고
바로 꺼내야 깻잎의
색이 누렇게
변하지 않아요.

김 오른 찜통에 넣고 5분간 찌고,

06

찜을 한 그릇은
열기가 있으니
다른 그릇에 옮겨
놓으세요.

다른 그릇에 깻잎 찜의 위아래를
바꿔 담고, 남은 국물을 고르게 끼얹어
마무리.

오이지무침 그리운 고향의 맛

FOR
4

필수 재료 오이지(2개)
선택 재료 쪽파(1대)
양념장 설탕(0.5)+고춧가루(1)+식초(1.5)+
　　　　다진 마늘(0.5)+참기름(0.4)+깨소금(0.3)

쪼글쪼글 오이지, 5~6월 한창인 오이를
소금물에 절여 만들죠. 동글동글
썰어서 짠맛을 뺀 뒤 양념과 조물조물
버무리면 며칠 동안 두고 먹어도
좋은 밑반찬이 만들어진답니다.

01
하나를 먹어봐서
간이 적당하면
물기를 꼭 짜세요.

02

03

오이지를 동글동글하게 썰어 물에 담가
짠맛을 뺀 후 물기를 꼭 짜고,

쪽파는 송송 썰고,

오이지에 쪽파와 양념장을 넣고 무쳐
마무리.

부추양파걸절이 <small>고기 친구</small>

FOR 2	필수 재료 부추(1줌=100g), 양파(½개) 양념장 고춧가루(1)+간장(0.7)+액젓(0.7)+ 물엿(0.7)+참기름(0.7)+깨소금(0.3)

이렇게 쉬운 반찬 보셨어요? 부추를 잘
씻어 양파채와 함께 가볍게
버무리기만 하면 반찬 하나가 뚝딱!
보리밥을 지어 고추장 넣고 비빔밥을
만들어도 환상의 궁합이랍니다.

01

양념장을 섞어 놓고, 부추는 깨끗이 씻어
적당히 썰고,

02

매운맛이
싫으면 찬물에
가볍게 행궈
사용하세요.

양파는 곱게 채 썰고,

03

고기를 먹을 때
곁들여도
좋아요.

먹기 직전 부추와 양파에 양념장을 넣고
고르게 살살 버무려 마무리.

오이나물 아작아작 씹는 맛

오이는 센 불에 볶으면 아삭한 맛이
더욱 더 살아나죠. 푸른색도 더 예쁘게
살아나고요. 오이생채가 지겨울 땐
아작아작 씹는 맛이 좋은
오이나물 어떠세요?

FOR 4

필수 재료 오이(1개)
양념 소금(0.3), 다진 마늘(0.2), 깨소금(0.2)

01

오이는 얇고 둥글게 썰고,

02

물에 헹구지 말고
그대로 짜야 영양소
손실이 없어요.

오이에 소금(0.3)을 고르게 뿌려 10분간
절여 물기를 꼭 짜고,

03

팬에 식용유(0.5)를 두르고 오이를
볶다가 다진 마늘(0.2), 깨소금(0.2)을
넣고 볶아 마무리.

시금치양파겉절이

시금치는 익혀서만 드셨다고요?
서양에서는 대부분 샐러드로 만들어
생으로 즐긴답니다. 익히지 않은
시금치 한번 맛보면 고소하고
부드러운 맛에 반할 거예요.

FOR 2

필수 재료 시금치(10줄기=100g), 양파(½개)
양념장 설탕(0.2)+고춧가루(0.5)+멸치액젓(0.8)+
다진 마늘(0.4)

샐러드용으로
가늘고 길며 잎이 크고
색이 짙은 시금치가
좋아요.

01 시금치는 부드러운 것으로 준비해
뿌리를 잘라 반으로 자르고,

02 양파는 얇게 썰고,

03 먹기 직전 시금치와 양파에 양념장을
넣고 버무려 마무리.

애호박새우젓볶음

애호박 볶음은 뭐니뭐니 해도
짭짤한 새우젓과의 궁합이 최고죠.
호박의 예쁜 푸른색과
분홍빛 새우의
색의 조화도 그만이고요.

FOR
4

필수 재료 애호박(½개), 소금(0.2)
선택 재료 붉은 고추(½개)
양념장 새우젓(0.2)+다진 파(0.7)+다진 마늘(0.4)+
깨소금(0.2)+참기름(0.4)+후춧가루(약간)

01
호박은 깨끗이 씻어 반달 모양으로 썰고,

02
물에 헹구지 말고
물기만 제거해야
호박의 영양소
손실이 없어요.

소금(0.2)을 뿌려 10분간 절였다가,
키친타월로 눌러 물기를 제거하고,
붉은 고추는 씨를 뺀 후 채 썰고,

03
팬에 식용유(1)를 두르고 호박을 볶다가
양념장, 붉은 고추를 넣고 볶아 마무리.

도라지생채 매콤새콤하게 즐겨요

익혀서도 먹고 생채로도 먹고 또 통으로도
먹고 갈라서도 먹는 도라지. 생채
양념으로 무칠 때 오징어를 데쳐
넣거나 오이를 어슷 썰어 넣어 함께
만들어도 좋답니다.

FOR 2	필수 재료 도라지(1줌=100g), 소금(0.6)
	양념장 설탕(0.2)+고춧가루(0.2)+식초(0.5)+
	다진 파(0.4)+다진 마늘(0.2)+
	고추장(1)+깨소금(0.1)

도라지는 손질한 것으로 준비해
길이가 긴 것은 적당히 자르고,

치대면 도라지가
물러지므로 쥐락펴락
주물러 주세요.

소금(0.6)을 넣고 소금이 녹을 때까지
주물러 물에 헹궈 쓴맛을 뺀 뒤 물기를
짜고,

도라지에 양념장을 넣고 골고루 무쳐
마무리.

기관지에 좋은 도라지는 겨울이면
특히 꼭 먹어줘야 해요.
바락바락 소금을 넣고
주물러 쓴맛을 빼고 만드세요.

도라지나물 도라지 백도라지~

FOR
4

필수 재료 도라지(1줌=150g), 소금(0.6)
선택 재료 쇠고기 육수(또는 물½컵)
양념장 다진 파(0.4)+다진 마늘(0.2)+
깨소금(0.1)+참기름(0.2)

01

도라지는 손질한 것으로 준비해 길이가
긴 것은 적당히 자르고,

02

> 손으로
> 쥐락펴락하며
> 주물러야
> 물러지지 않아요.

소금(0.6)을 넣고 소금이 녹을 때까지
세게 주물러 절인 뒤 물에 헹궈
쓴맛을 빼 물기를 짜고,

03

> 뚜껑을 닫아
> 약한 불에서
> 익혀 주세요.

팬에 식용유(1)를 두르고 도라지를 넣고
볶다가 육수(½ 컵)를 넣고,

04

도라지가 투명하게 익으면 뚜껑을 열고
양념장을 넣고 남은 수분을 날리며
볶아 마무리.

구운가지무침 쫄깃한 맛이 나네?

가지는 수분이 워낙 많은 재료라
센 불에 굽지 않으면
쉽게 물이 생기며 물러져요.
겉을 노릇하게 구워 양념을 하면
폭신하고 쫄깃한 맛이 일품이랍니다.

FOR 2	필수 재료 가지(1개)
	양념장 고춧가루(0.3)+간장(0.7)+물엿(0.5)+
	다진 파(0.4)+다진 마늘(0.2)+참기름(0.4)+
	깨소금(0.2)+후춧가루(약간)

01 가지는 도톰하게 어슷 썰고,

02 마른 팬에 센 불로 가지를 노릇하게
앞뒤로 굽고,

03 먹기 직전 양념장과 버무려 마무리.

간단하게 만들지만 필요한 영양소는 골고루 갖추고 있어 아침 식사로
좋은 반찬이에요. 토스트를 노릇하게 구워 한 장 곁들여도
잘 어울리고 따뜻한 꽃빵이나 밥과도 잘 어울리죠.

달걀부추볶음 5분만에 만드는 영양식

FOR
2

필수 재료 달걀(2개), 부추(½줌=50g)
선택 재료 양파(¼개)
양념 소금(0.2), 참기름(0.3), 후춧가루(약간)

01

달걀은 소금(0.1)을 넣어 풀고,

02

양파는 곱게 채 썰고, 부추는 적당한 길이로 썰고,

03

달걀물의 아래만 익었을 때 나무젓가락으로 마구 돌려 저어 만드세요.

팬에 식용유(1)을 두르고 중간 불에서 달걀물을 부어 스크램블 하듯 저어 꺼내고,

04

양파는 살짝 아삭하게 볶아 주세요.

팬에 다시 식용유(0.3)를 두르고 양파를 볶고,

05

부추를 넣고 불을 끈 뒤 남은 열을 이용해 볶으며 소금(0.1)으로 간하고,

06

데친 새우살이 있으면 넣어도 좋아요.

덜어둔 달걀과 참기름(0.3), 후춧가루를 넣고 고르게 섞어 마무리.

깻잎찜

먹어도 먹어도 질리지 않는

쌈으로 먹고 남은 깻잎이 있다고요?
그럼 바로 양념장을 만들어 깻잎찜을
만드세요. 먹어도 먹어도 질리지 않는
반찬이잖아요. 너무 오래 찌면
질겨지니 주의하시고요.

FOR
4

필수 재료 깻잎(40~50장=5묶음)
양념장 설탕(0.2)+고춧가루(0.5)+간장(2.5)+
다시마물(3)+다진 파(0.7)+다진 마늘(0.4)+
물엿(1)+참기름(0.4)+참깨(약간)

농약은 수용성이라
물에 30분 담갔다
씻으면 쉽게
제거돼요.

01
양념장을 만들고, 깻잎은 찬물에 30분간
담갔다 깨끗이 씻어 물기를 빼고,

02
깻잎을 2장씩 포개 양념장을 조금씩
퍼 바르며 켜켜이 쌓고,

03
김 오른 찜통에 넣고 5분간 찐 뒤 꺼내
식혀 마무리.

부추장떡

입맛을 살려 줘요

된장이나 고추장을 넣어 부친 장떡,
진한 양념 맛이 일품이죠. 부추를
송송 썰어 넣어 장떡을 부치면
간식으로도 반찬으로도
그만이랍니다.

FOR 2	필수 재료 부침가루($\frac{1}{2}$컵), 물($\frac{1}{2}$컵), 부추($\frac{1}{2}$줌=50g)
	양념 된장(1), 고추장(1)

물($\frac{1}{2}$컵)에 양념을 넣고 잘 푼 뒤
부침가루를 넣어 반죽하고,

반죽을 혼합해
오래 두면 부추에서
물이 나와서 반죽이
묽어져요.

부추는 짧게 잘라 반죽과 섞고,

팬에 식용유(2)를 두르고 한 숟가락씩
넣고 노릇하게 지져 마무리.

오이피클을 집에서도 쉽게 만들 수 있어요.
오이는 가능하면 가늘고 작은 것으로 준비하고
피클 스파이스가 없으면 빼고 해도 괜찮답니다.

오이피클 어머 이렇게 쉬울 수가

FOR 2

필수 재료 다다기 오이(2개)
선택 재료 셀러리(1대), 양파($\frac{1}{2}$개), 통후추(3알), 피클 스파이스(0.3)
피클액 설탕(1컵)+소금(0.6)+물(1컵)+식초(1컵)

01

다다기 오이는
조선오이라고도 하며
살이 연하고 아삭아삭해
생식이나 피클,
오이 소박이용으로
좋아요.

오이는 굵은 소금으로 문질러 씻어
동글게 썰고,

02

양파도 오이 크기로 사각 썰고,

03

셀러리는 겉의 섬유질을 벗긴 후
어슷 썰고,

04

냄비에 피클액과 통후추, 피클 스파이스를
넣고 팔팔 끓이고,

05

이틀 후 피클액만
다시 끓여 식혀 부어 주면
더 오래 두고
먹을 수 있어요.

열기를
완전히 식혀
병에 담아
주세요.

썰어 둔 채소를 뜨거운 피클액에 넣어
마무리.

PLUS TIP
오래 두고 먹을 피클이라면
1. 오이를 썬 뒤 소금을 뿌려 절였다가
   물기를 제거하고 같은 방법으로
   만들어 주세요.
2. 다 만든 피클을 일주일 뒤 국물만
   따라내어 끓여 식혀 다시 부어 주세요.

다시마튀각 바사삭 부서지는

말린 다시마는 조금만 불이
세면 금방 타버려요.
식용유의 온도를 낮게 해서
튀겨야 타지 않죠.
식기 전에 설탕을 뿌려 주세요.

FOR
4

필수 재료 다시마(1장), 튀김기름(1컵)
양념 설탕(3)

튀각용
다시마는
얇은 것이
바삭하고
맛있어요.

다시마는 적당히 가위로 잘라 겉의
염분기를 닦아내고,

불이 세면
쉽게 타버리니
약한 불로
시간을 두고
튀기세요.

타지 않게 바삭하게 튀기고,

뜨거울 때 설탕(3)을 골고루 뿌려 식혀
마무리.

양파고추장아찌

FOR
2

필수 재료 양파(1개), 청양고추(4개)
양념 사이다($\frac{1}{2}$컵), 식초($\frac{1}{4}$컵), 간장($\frac{1}{2}$컵), 설탕(1)

기름기가 많은 고기를 구워 먹을 때
장아찌 국물에 고기를 담갔다 양파와
고추를 곁들여보세요. 느끼한 고기의
기름기가 빠지고 산뜻함만 남는답니다.

01

양파는 굵게 채 썰어 사이다($\frac{1}{2}$컵)와
식초($\frac{1}{4}$컵)를 붓고 1시간 두고,

02

고추는 동글게 송송 썰고,

03

미리 간장에
설탕을 완전히 녹여
넣어 주세요.

양파에 고추와 간장($\frac{1}{2}$컵), 설탕(1)을
섞어 넣고 10분간 두어 마무리.

장조림을 부드럽게 만드는 비결은 먼저 고기를 완전히 익힌 후에
간장 양념을 넣고 조리는 것이에요. 처음부터 끝까지 중간 불 이하의
약한 불에서 익힐수록 부드러운 장조림이 되지요.

돼지고기꽈리고추장조림 부드럽게 만들어요

FOR 2	필수 재료 돼지고기(안심 3덩어리=300g), 꽈리고추(5개), 생강(1쪽)
	선택 재료 마른 고추(1개), 마늘(3쪽)
	양념장 청주(3), 간장(8), 설탕(1.5)

01

안심을 이용하면 기름기도 적고 살도 연해요.

돼지고기는 기름기를 떼어내고 찬물에 가볍게 씻어 핏물을 빼고,

02

거품은 걷어 주세요.

계속 약한 불로 익혀 주어야 고기가 부드러워요.

냄비에 물(5컵)을 붓고 끓으면 고기를 넣고 약한 불로 뚜껑을 열어 익히고,

03

물이 끓으면 납작 썬 생강, 청주(3)를 넣고 고기가 익을 때까지 끓이고,

04

간장(8)과 설탕(1.5), 마른고추를 넣고 국물이 ⅓로 줄어들 때까지 졸이고,

05

삶은 달걀이나 메추리알을 넣고 싶다면 함께 넣어 주세요.

마늘과 꽈리고추를 넣고,

06

고기 색이 짙어지고 국물이 1컵 분량으로 남으면 불을 꺼 마무리.

가지를 센 불에 구워 돼지고기와 굴소스를 넣어
볶은 반찬이에요. 뜨거운 밥 위에 올려 덮밥으로
즐겨도 좋고 술안주로도 그만이랍니다.

가지돼지고기굴소스볶음 감칠맛 나는

FOR
2

필수 재료 돼지고기 간 것(1줌=100g), 가지(2개), 대파(½대)
밑간 간장(0.5)+청주(0.4)+다진 생강(0.4)+후춧가루(약간)
양념장 설탕(1)+청주(1.4)+간장(0.7)+굴소스(2)+다진 마늘(0.4)+참기름(0.4)+후춧가루(약간)+물(5)

01

돼지고기는 밑간하고,

02

가지는 도톰하게 어슷 썰고, 대파도
어슷 썰고,

03

가지는 기름을
많이 흡수하기 때문에
마른 팬에서 구워야
느끼하지 않아요.

마른 팬을 달궈 센 불에 가지를 노릇하게
구워 꺼내고,

04

고기는 완전히
익을 때까지 볶아야
냄새가 없어요.

팬에 식용유(1)를 두르고 돼지고기를
넣어 볶고,

05

돼지고기가 익으면 양념장을 넣고
바글바글 끓여 구운 가지와 파를 넣고
조려 마무리.

불고기 양념에 고춧가루를 넣어 애호박과 함께
볶은 요리예요. 매콤한 맛이 입맛을 살려 주고
애호박과 고기의 맛의 조화가 별미랍니다.

애호박쇠고기볶음 매콤하게 볶았어요

FOR
2

필수 재료 불고기용 쇠고기(2줌=200g), 애호박($\frac{1}{2}$개), 소금(0.1)

양념 소금(0.1), 참기름(0.2), 참깨(0.2), 후춧가루(약간)

밑간 설탕(0.3)+고춧가루(0.3)+간장(1)+다진 파(0.5)+다진 마늘(0.3)+참기름(0.2)

쇠고기는 한입 크기로 썰어 밑간하고,

애호박은 도톰하게 반달 썰어 소금(0.1)에
절여 물기를 제거하고,

팬에 식용유(1)를 두르고 중간 불에서
애호박을 앞뒤로 노릇하게 구워 꺼내고,

같은 팬에 식용유(0.3)를 넣고 센 불에서
쇠고기를 넣어 볶고,

쇠고기가 거의 익었을 때 구운 호박을 넣고
참기름(0.2), 참깨(0.2), 후춧가루를 넣어
한 번 더 볶아 마무리.

가지를 큼직하게 토막 쳐 폭신한 맛을 살려
만든 반찬이에요. 돼지고기와 고추장 양념으로
볶아주면 입에 딱 붙는 맛있는 반찬이 만들어 진답니다.

가지돼지고기매운볶음 폭신한 가지 맛을 살려요

FOR 2

필수 재료 가지(1개), 다진 돼지고기(2=30g) 선택 재료 풋고추(1개), 대파(⅓대), 마늘(1쪽), 생강(1쪽)

양념 참기름(0.4) 참깨(0.2) 밑간 청주(0.4), 간장(0.5), 후춧가루(약간)

양념장 설탕(0.5)+청주(1.5)+간장(1.5)+고추장(1)

01 가지는 필러로 군데군데 세로로 껍질을 벗겨 반 갈라 적당히 썰고,

02 풋고추와 대파는 어슷 썰고 돼지고기는 밑간하고, 마늘,생강은 얇게 썰고,

03 팬에 식용유(1)를 두른 뒤 마늘, 생강으로 향을 낸 후 꺼내고,

04 밑간 한 고기를 넣고 익을 때까지 볶다가 가지를 넣고,

05 가지를 노릇하게 볶고,

06 양념장과, 풋고추, 대파를 넣어 볶다가 참기름(0.4), 참깨(0.2)를 넣어 마무리.

달큰한 호박을 살짝 절여 달걀 옷을 입혀 지지면
고소한 맛에 자꾸자꾸 손이 가요.

애호박전 노릇하게 지져서

FOR
2

필수 재료 애호박(1개), 달걀(2개), 소금(0.1), 밀가루($\frac{1}{2}$컵)
초간장 간장(1)+식초(0.3)

01

밑간이 될 정도의 소금만 고르게 뿌려 주세요.

호박은 둥글게 썰어 소금에 살짝 절이고,

02

달걀은 소금(0.1)을 넣어 풀고,

03

호박에 물기가 있으면 밀가루가 뭉쳐요. 키친타월로 두드려 물기를 없애세요.

호박의 물기를 제거하고 앞뒤로
밀가루를 묻혀 여분의 가루는 털고,

04

밀가루를 묻히고 그대로 두어 호박이 축축하게 젖어들면 달걀물이 잘 안 묻어요.

밀가루가 젖어들기 전에 달걀물을 고르게
묻히고,

05

센 불에 지지면 호박은 덜 익고 달걀옷은 타요.

팬에 식용유(2)를 두르고 약한 불에서
노릇하게 앞뒤로 지지고,

06

초간장을 만들어 곁들여 마무리.

깻잎 속에 참치와 채소를 넣어 만든 속이 든든한 전이에요.
참치의 비릿함을 깻잎이 없애 줘서 고소함만 남았답니다.

깻잎참치전 아이들도 좋아하는

FOR
2

필수 재료 통조림 참치($\frac{1}{2}$캔), 달걀(2개), 소금(0.1), 깻잎(8장), 밀가루($\frac{1}{2}$컵)

선택 재료 양파($\frac{1}{6}$개)

양념 다진 파(0.7)+다진 마늘(0.4)+후춧가루(약간)

01 손으로 눌러 가며 제거해 주세요.

참치를 체에 밭쳐 기름기를 뺀 뒤 잘게 부수고,

02

달걀은 소금(0.1)을 넣어 풀고,

03

양파를 잘게 다진 후 참치, 달걀물(3)과 섞고 양념을 넣어 버무려 소를 만들고,

04 소를 너무 많이 넣으면 벌어져요.

깻잎의 앞뒤에 밀가루를 묻힌 뒤 안쪽에 소를 넣어 반으로 접고,

05

벌어지지 않게 집어 달걀물을 앞뒤로 묻히고,

06 가볍게 눌러 가며 지져 주세요.

팬에 식용유(2)를 두르고 앞뒤로 노릇하게 지져 마무리.

가늘고 힘 있는 영양부추에 고소한 검은깨를 넣고 전을 부치면
우선 그 예쁜 색에 놀라고 또 입에 넣으면 맛에 놀라죠.
손님상에 올리면 감탄이 절로 나올거예요.

영양부추검은깨전 고소하게 씹히는 맛

FOR
2

필수 재료 영양부추(1줌=60g), 부침가루(½컵), 찹쌀가루(1), 물(½컵), 검은깨(1)
양념장 간장(1.4)+고춧가루(0.3)+다진 파(0.4)+다진 마늘(0.2)+참기름(0.4)

영양부추는 짧게 자르고,

많이 저어야 쫄깃한 전이 만들어 져요.

밀가루를 사용할 경우 소금 간을 해주세요.

부침가루에 찹쌀가루를 혼합해
물(½컵)과 소금 약간 넣어 고르게 풀고,

반죽에 영양부추와 검은깨를 넣어
혼합하고,

중약불로 타지않게 바삭한 느낌이 나게 지져 주세요.

팬에 식용유(2)를 두르고 반죽을
얇게 펴 노릇하게 전을 부치고,

접시에 담고 양념장을 곁들여 마무리.

PLUS TIP
부추도 여러 종류가 있어요
호부추
일명 중국부추라고 하는 두껍고 길이가
긴 부추예요. 흰 부분이 길고 쉽게 숨이
죽지 않아 볶음 요리에 어울려요.
영양부추
납작하지 않고 둥글고 가늘지만 힘이
있고 길이가 약간 짧은 밝은 녹색의 부
추예요. 모양이 섬세하고 예뻐서 샐러
드에 많이 사용해요.
조선부추
일반 부추를 뜻해요. 김치나 부침개, 겉
절이, 볶음 등 다양한 요리에 사용할 수
있어요.

알감자조림 <small>쪼글쪼글 쫀득해요</small>

예쁘고 귀여운 모양만큼이나
쪼글쪼글 쫀득한 맛이 좋은 알감자.
껍질까지 함께 먹으면
쫀득함이 배가 돼요.

FOR
4

필수 재료 알감자(300g, 12개 정도)
양념장 설탕(1)+고춧가루(0.3)+간장(3)+
다진 파(0.7)+다진 마늘(0.4)+깨소금(0.2)+
참기름(0.2)+후춧가루(약간)

크기가 고른 알감자를 준비해 껍질째
깨끗이 씻은 뒤 냄비에 넣고 잠길만큼
물을 부어 젓가락이 들어갈 정도로 익히고,

중간 불로 달군 팬에 식용유(1)를 두르고
익힌 감자를 넣어 볶고,

감자의
알이 크면 물을 1컵
넣어 주세요.

양념장에 물(½컵)을 섞어 팬에 붓고,
국물을 끼얹어 가며 물기가
없어질 때까지 조려 마무리.

쪽파강회 돌돌 감아요

한 단을 사면 늘 남게 되는 쪽파,
소금물에 살짝 데쳐 돌돌
말아만 줘도 반찬이 만들어지죠.
오징어나 주꾸미가 있으면
같이 데쳐 함께 말아 주면 좋답니다.

FOR
2

필수 재료 쪽파(10대), 소금(0.3)
초고추장 고추장(1)+식초(1.5)+물엿(1.5)

01
파가 너무
두꺼우면 반으로
갈라주세요.

쪽파는 깨끗이 씻어 손질해 놓고,

02

끓는 물(3컵)에 소금(0.3)을 넣고 파랗게
데쳐 찬물에 헹구고,

03
마지막 끝은
젓가락으로 찔러
넣어 주세요.

둥글게 감아 허리를 묶어 초고추장을
곁들여 마무리.

굵은 멸치는 국물 맛을 내는 데만 썼다고요?
살을 발라 반찬에 사용해 보세요. 오래 익혀 그 맛을
우려내니 구수하고 깊은 맛이 나네요.

감자굵은멸치조림 구수한 맛을 더해요

FOR
2

필수 재료 감자(1개), 굵은 멸치(5마리) 선택 재료 청양고추(2개)
양념장 설탕(1)+고춧가루(0.3)+청주(1)+간장(1.5)+다진 파(0.7)+다진 마늘(0.4)+
참기름(0.2)+후춧가루(약간)

01

감자는 먹기 좋게 썰어 찬물에 헹구고,

멸치가 너무 크면 더 잘게 잘라도 좋아요.

02

멸치는 머리와 내장을 다듬어 갈라 두고,

03

청양고추는 송송 썰고,

04

팬에 식용유(1)를 두르고 감자를 넣어
겉이 투명해질 때까지 볶고,

뚜껑을 열고 조려야 비린내가 날아가요.

05

감자에 양념장과 멸치, 물($\frac{1}{2}$ 컵)을 붓고
뚜껑을 열고 국물을 끼얹어 가며
감자를 익히고,

06

국물이 거의 없어지면 청양고추를 넣고
잠시 더 조려 마무리.

두 가지 재료를 데쳐야 할 때는 색이나 향이 약한 것부터 순서대로 데쳐 주세요. 끓는 물에 소금을 약간 넣고 데쳐야 브로콜리 색이 살아나고 오징어의 맛 성분도 빠져나가지 않는답니다.

오징어브로콜리초회　색이 예뻐 더 먹고 싶은

FOR
2

필수 재료 오징어(1마리), 브로콜리(1개), 소금(0.3)
초고추장 설탕(1)+식초(4)+고추장+(1.5)+물엿(1)

오징어를 반으로 갈라 내장을 빼고
소금을 묻혀 껍질을 벗기고,

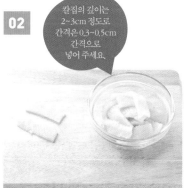

칼집의 깊이는
2~3cm 정도로
간격은 0.3~0.5cm
간격으로
넣어 주세요.

오징어 안쪽에 양쪽 사선으로
솔방울 무늬처럼 칼집을 낸 뒤 적당히 썰고,

브로콜리는 한입 크기로 썰고,

끓는 물(3컵)에 소금(0.3)을 넣고
브로콜리를 파랗게 데쳐 꺼내 찬물에
헹구고,

꼬치에
꿰어 주어도
좋아요.

그 물에 오징어도 넣고 오그라들면
바로 건져 식혀 브로콜리와 함께 담고
초고추장을 곁들여 마무리.

성장기 아이들에게 필수적인 칼슘이
많이 들어 있는 멸치와 두뇌발달에 좋은
견과류 아몬드. 고소하게 볶아 놓으면 자꾸 손이 가요.

잔멸치아몬드볶음 뼈도튼튼 몸도튼튼

FOR
2

필수 재료 잔멸치(1컵), 아몬드 슬라이스(½컵) 선택 재료 풋고추(1개), 붉은 고추(½개)
양념 다진 마늘(0.4), 물엿(1)
양념장 설탕(1)+맛술(2)+간장(0.5)+참기름(1)+참깨(0.3)

01

습기와 비린내를 제거하는 과정이에요.

잔멸치는 마른 팬에 약한 불로 볶고,

02

풋고추, 붉은 고추는 둥글게 송송 썰고,

03

팬에 식용유(1)를 두르고 약한 불에
다진 마늘(0.4)을 넣고 볶아 향을 내고,

04

약한 불로 볶아야지 타지 않아요.

멸치를 넣고 볶다가 양념장을 넣고
재빨리 저어가며 물기 없이 볶고,

05

풋고추, 붉은 고추를 넣어 볶고,

06

물기가 없어지면 물엿(1)을 넣어 볶고
아몬드 슬라이스를 넣어 한 번 더 섞어
마무리.

검은콩자반 윤기가 자르르르

콩자반 만들 때 콩을 완전히
익힌 후에 양념을 넣지 않으면
딱딱하고 단단해서 먹기 힘든
콩자반이 만들어진답니다.
콩이 충분히 익었는지 꼭 확인을
하고 양념장을 넣어 주세요.

FOR 4

필수 재료 검은콩(1컵), 물(⅔컵), 참깨(0.3)
양념장 간장(5)+설탕(1)+물엿(3)

01
콩 불린
국물을 조릴 때
사용해도
좋아요.

검은콩은 넉넉한 물에 3시간 이상
불리고,

02
가끔
뒤적이며
익혀 주세요.

불린 콩에 물(⅔컵)을 붓고 중약 불로
10분간 익히고,

03
콩을 하나
먹어 보아
익었는지
확인하세요.

콩이 완전히 익으면 양념장을 넣고
물기가 없어질 때까지 조리고
참깨(0.3)를 넣고 섞어 마무리.

호두땅콩조림 두뇌 회전이 빨라져요

생땅콩을 삶아서 조려 보세요.
콩자반처럼 오래 불릴 필요 없이
바로 삶아 요리할 수 있어요.
고소한 맛이 그만이죠.

FOR
2

필수 재료 생땅콩(1컵), 호두(⅓컵)
양념 간장(3), 설탕(1), 물엿(2), 참깨(0.2)

땅콩 삶은 물은 떫으므로 버리고 땅콩도 한 번 헹궈 주세요.

01
생땅콩은 잠길 만큼 물을 붓고 10분 정도 삶아 건지고,

02
땅콩에 물(⅔컵), 간장(3), 설탕(1)을 넣고 중간 불로 조리고,

03
양념이 자작해지면 호두와 물엿(2)을 넣고 조리다 참깨(0.2) 넣고 버무려 마무리.

고추장 양념과 잘 어울리는 오징어와 삼겹살을 함께 넣고
볶았어요. 오징어는 칼집을 넣어야 부드럽게 익고
삼겹살은 너무 두껍지 않게 썰어서 볶아야 맛있답니다.

오삼불고기
오징어와 삼겹살이 만났어요

FOR
2

필수 재료 삼겹살(1줌=150g), 오징어(1마리=150g) 선택 재료 양파(½개), 대파(½대), 풋고추(1개), 붉은 고추(1개)
양념장 설탕(1)+고춧가루(1.5)+간장(1.4)+고추장(3)+다진 파(1.4)+다진 마늘(1)+다진 생강(0.4)+
깨소금(0.2)+참기름(0.4)+후춧가루(약간)

01

양파는 굵게 채 썰고, 풋고추, 붉은 고추,
대파는 어슷 썰고,

02

껍질 위에
굵은 소금을 묻혀
벗기면 쉬워요.

오징어는 씻어 껍질을 벗겨 안쪽에
칼집을 넣어 한입 크기로 썰고,

03

생강과 마늘은 얇게 썰고,

04

오징어와 익는
시간을 맞추기 위해
삼겹살은 얇게
준비해 주세요.

오징어, 삼겹살에 양념장을 고루 버무리고,

05

팬에 식용유(1)를 두르고 생강과 마늘로
향을 내 꺼낸 후 양념한 오징어와
삼겹살을 볶고,

06

양파를 넣어 볶다가 고추와 대파를 넣고
볶아 마무리.

오징어처럼 재미있는 모양을 가진 재료도 많지 않죠.
모양을 그대로 살려 구워 담으면 또 다른 멋진 요리가 탄생해요.

오징어고추장통구이 <small>모양을 그대로 살려</small>

FOR
2

필수 재료 오징어(1마리) 선택 재료 쪽파(1대), 참깨(0.2)
양념장 설탕(0.5)+고춧가루(0.6)+청주(0.6)+간장(0.5)+고추장(1.7)+다진 파(0.5)+다진 마늘(0.3)+
다진 생강(0.1)+깨소금(0.2)+참기름(0.4)+후춧가루(약간)

01

오징어는 배를 가르지 말고 내장을
아래로 뺀 뒤 몸통에 가위집을 넣고,

02

쪽파는 송송 썰고,

03

이때
오징어를 80%만
익혀 주세요.

달군 팬에 오징어를 올려 돌려 가며 굽고,

04

양념장이
타기 때문에
약한 불에서
구워야 해요.

양념장을 발라 한 번 더 돌려 가며 굽고,

05

그릇에 담고 쪽파와 참깨(0.2)를 뿌려
마무리.

꽁치는 DHA가 풍부한 등푸른 생선이죠. 노릇하게
지져 비린내를 없애고 생강을 듬뿍 넣은 간장 양념에
조리면 입에 짝짝 붙는 맛있는 꽁치조림이 된답니다.

꽁치간장조림 입에 짝짝 붙어요

FOR
2

필수 재료 꽁치(2마리), 소금(0.3), 생강(1쪽)
양념장 설탕(2)+청주(4)+간장(4.2)+후춧가루(약간)

01 칼로 꼬리쪽에서 미리쪽을 향해 비늘을 긁어 주세요.

꽁치는 비늘, 지느러미, 내장을 제거해 2~3등분하고,

02 물에 행구지 말고 키친타월로 물기를 제거하세요.

꽁치에 소금(0.3)을 고르게 뿌려 30분간 절여 물기를 제거하고,

03

생강은 얇게 썰고,

04 미리 구워 주면 나중에 조리면서 꽁치가 부서지지 않아요.

팬에 식용유(0.5)를 두르고 앞뒤로 노릇하게 지져 두고,

05

팬에 양념장과 생강을 넣고 끓으면 꽁치를 넣고,

06 생강채를 곁들여 먹으면 비린내를 없애 주어 좋아요.

국물이 없어질 때까지 조려 마무리.

카레가루와 밀가루를 혼합해
갈치에 옷을 입혀 구우면 입안에 퍼지는
카레향이 갈치의 맛을 더 살려줘요.

갈치카레구이 노랗게 바삭하게

FOR 4	필수 재료 갈치(2토막), 밀가루(2), 카레가루(2)
	양념 소금(0.3)

01

갈치는 지느러미와 내장을 제거한 후
칼집을 넣어 소금(0.3)을 뿌려 절이고,

02

밀가루(2)와 카레가루(2)를 섞고,

03

갈치의 물기를 제거하고 섞어둔
카레 밀가루를 앞뒤로 묻히고,

04

불이 너무 약해도
옷이 쉽게 벗겨지고
느끼해 지므로
주의하세요.

불이 너무 세면
생선이 익기도 전에
카레가 타버리므로
주의하세요.

팬에 식용유(2)를 두르고 중간 불에서
갈치를 앞뒤로 노릇하게 구워 마무리.

어묵에 고추만 추가해도 새로운 맛이
살아나요. 간단하게 만들지만 자꾸만
젓가락이 가는 실속 있는 반찬이에요.

01

오래 데치면
어묵이 불어
맛이 없어요.

어묵은 끓는 물에 살짝 데쳐 기름기를
제거해 반 갈라 채 썰고, 쪽파는
적당한 길이로 썰고,

어묵잔멸치볶음 고소한 맛 추가요

FOR 4	필수 재료 사각 어묵(1장), 잔멸치(⅓컵=30g)
	선택 재료 쪽파(2대)
	양념 설탕(0.3), 고춧가루(0.3), 간장(0.5),
	다진 마늘(0.4), 물엿(0.5), 참깨(0.2),
	참기름(0.4), 후춧가루(약간)

02

습기와
비린내를
없애요.

마른 팬에 멸치를 넣고 약한 불로 가볍게
볶아 꺼내고,

03

팬에 식용유(1)를 두르고 어묵을 볶다가
설탕(0.3), 고춧가루(0.3), 간장(0.5),
다진 마늘(0.4)을 넣고 재빠르게 볶고,

04

잔멸치와 물엿(0.5)을 넣고 볶다가
대파를 넣고, 참깨(0.2)와 참기름(0.4),
후춧가루를 넣고 섞어 마무리.

등푸른 생선의 대명사 고등어는 맛있고 영양 많은
생선이죠. 그런데 비린내 때문에 좋아하지 않는다고요?
조리는 동안 뚜껑을 열고 조려보세요. 생선이 익으면서
발생하는 비린내가 모두 날아가고 맛있는 맛만 남는답니다.

고등어무조림 비린내는 가라

FOR
2

필수 재료 고등어(1마리=400g), 무(⅓개=200g), 물(2컵) **선택 재료** 풋고추(1개), 대파(½대) **양념** 소금(0.2)
양념장 설탕(0.3)+고춧가루(1)+청주(2)+간장(2)+물엿(0.6)+고추장(1.5)+다진 마늘(0.6)+다진 생강(약간)+
후춧가루(약간)+물(⅓컵)

01

무는 큼직하게 썰고 풋고추와 대파는
어슷하게 썰고,

02

고등어는
살이 연해서
소금에 절여 사용해야
단단해져 부서지지
않아요.

고등어는 어슷하게 토막 쳐 소금(0.2)을
뿌려 살짝 절이고,

03

냄비에 무를 넣고 물(2컵)을 부어
반 정도 익히고,

04

무 위에 고등어를 얹고 양념장을 고르게
끼얹어 중약불에서 끓이고,

05

고등어가 익으면 풋고추와 대파를 넣고
끓여 마무리.

PLUS TIP
생선 비린내를 없애는 방법
1. 쌀뜨물에 30분 정도 담가둔다.
2. 우유에 30분 정도 담가둔다.
3. 식초나 레몬즙을 뿌려 준다.
4. 익힐 때 뚜껑을 열고 익힌다.
5. 생강이나 파, 마늘 등의 향신 채소를 사용한다.
6. 고추장, 된장, 간장 등의 강한 양념을 사용한다.

색도 예쁘고 영양도 풍부한 단호박은 남녀노소 누구나
좋아하는 식품이죠. 고소한 생크림과
마요네즈를 혼합해 부드러운 맛이 배가 된답니다.

단호박샐러드 부드럽게 으깨서

FOR
2

필수 재료 단호박($\frac{1}{2}$개)
선택 재료 아몬드 슬라이스(1), 건포도(1)
소스 마요네즈(2)+생크림(2)+소금(0.1)

껍질도 먹을 것이니 통째로 깨끗이 씻어 주세요.

단호박은 씨를 제거하고
7분간 전자레인지에 익히고,

단호박의 $\frac{1}{3}$은 껍질을 벗겨 속을 으깨고,

남은 단호박은 껍질째 깍둑 썰고,

소스를 혼합해 $\frac{2}{3}$만 으깬 단호박에 넣어
단호박 소스를 만들고,

깍둑 썬 단호박에 건포도, 아몬드,
단호박소스를 넣고 고르게 섞고,

아이스크림 스쿠프가 있으면 동그랗게 담아도 예뻐요.

남은 소스를 곁들여 마무리.

두툼한 해물 파전 한 장이면 보는 것만으로도 배가 불러오고 든든한
느낌이 들죠. 반죽에 쌀가루를 혼합해서 파전을 부쳐 보세요. 고소함에 바삭함,
그리고 쫀득함까지, 막걸리 한잔이 저절로 생각나죠.

해물파전 해물 듬뿍

FOR
2

필수 재료 쪽파(50g=½ 줌), 달걀(1개), 굴(50g) **선택 재료** 붉은 고추(½개)
반죽 재료 물(½ 컵), 소금(0.2), 밀가루(½ 컵), 쌀가루(3)
양념 밀가루(1¼ 컵) **초간장** 간장(1.4)+식초(0.5)

01

굴은 소금물(물 1컵+소금 0.3)에
흔들어 씻어 물기를 빼고,

02

쌀가루가
바삭한 맛을
내줘요.

쪽파는 깨끗이 씻어 2등분한 후 위아래를
고르게 섞고, 반죽 재료를 섞고,

03

밀가루를 묻혀
수분을 없애야
반죽이
잘 묻어요.

달걀은 풀고, 붉은 고추는 어슷 썰고,

04

굴은 밀가루를 묻혀 달걀물과 섞고,
쪽파도 밀가루를 묻혀 두고,

05

팬에 식용유(3)를 두르고 쪽파에 반죽을
묻혀 올려 노릇하게 지지고,

06

굴을 혼합한 달걀물과 고추를 얹고
아랫면이 노릇해지면 뒤집어 노릇하게
구워 초간장을 곁들여 마무리.

어렸을 땐 시금치가 맛있는 걸 왜 몰랐을까요? 파랗게 데쳐 그저
간만 맞춰 조물조물 무쳐도 달콤하고 고소한 맛이 입안에 퍼져요.
많이 먹고 뽀빠이처럼 건강해지자고요.

시금치나물 조물조물 무쳐요

FOR
2

필수 재료 시금치(½단=150g), 소금(0.3)
양념 소금(0.2), 다진 파(0.4), 다진 마늘(0.2), 깨소금(0.2), 참기름(0.4)

01

익혀 먹는 시금치는 포항초나 섬초가 맛있어요.

뿌리가 지나치게 굵은 것은 반으로 갈라 주세요.

시금치는 짧고 단단한 느낌이 나는 것으로
골라 뿌리를 자르지 말고 깨끗이 씻고,

02

시금치가 물속에 잠기면 3초간 두었다가 뒤집어 2초 후 꺼내세요.

끓는 물(5컵)에 소금(0.3)을 넣고
뿌리 쪽부터 넣어 파랗게 데치고,

03

찬물에 행궈야 초록색이 그대로 살아 있어요.

살짝 데친 뒤 재빨리 건지고,
찬물에 헹군 뒤 물기를 꼭 짜고,

04

물기를 한 번 더 꼭 짜 주어도 좋아요.

가지런히 모아 뿌리 쪽을 잘라내고
2등분하고,

05

시금치에 소금(0.2), 다진 파(0.4),
다진 마늘(0.2)을 넣고 꼭꼭 주물러 무치고,

06

깨소금(0.2), 참기름(0.4)을 넣고 무쳐
마무리.

경상남도의 특색 있는 밑반찬이에요. 매콤한
청양고추에 굵은 멸치로 구수한 맛을 가미해 국간장만
넣어 만들어요. 밥 비벼 먹으면 의외의 밥도둑이랍니다.

01

청양 고추는 잘게 다지고, 굵은 멸치는
살만 발라 커터에 곱게 갈고,

청양고추멸치비빔장

FOR
4

필수 재료 청양고추(5개), 굵은 멸치(12마리)
양념 국간장(1), 참기름(0.3)

02

마른 팬에 멸치를 넣고 약한 불에 볶고,

03

계속 뒤적이며
수분을 날리듯이
조리하세요.

물(1.4컵)을 넣고 끓여 멸치가루 국물이
우러나면 국간장(1)을 넣은 후
청양고추를 넣고,

04

국물이 자작해질 때까지 조리다
참기름(0.3)을 넣고 섞어 마무리.

연두부시금치샐러드

FOR
2

필수 재료 연두부(1개), 시금치(5줄기)
선택 재료 양파(⅓개), 방울토마토(5개)
드레싱 깨소금(1)+설탕(0.3)+소금(0.1)+식초(0.7)+
간장(1.4)+식용유(1.4)

몸에 좋은 두부와 시금치가 만났어요.
늘 익혀 먹던 시금치로 향긋한
샐러드를 만들어 보세요.
우리 입맛에 맞는 소스를 곁들였어요.

01

연두부는 깍둑 썰고, 방울토마토는
먹기 좋게 자르고,

02

양파의
매운맛이
제거돼요.

시금치는 잎만 연두부 크기로 썰고,
양파는 채 썰어 찬물에 담갔다 건지고,

03

드레싱을 만들어 곁들여 마무리.

돼지고기와 피망을 굴소스로 볶은 요리예요.
중국식 꽃빵을 부드럽게 쪄서 곁들여 함께 먹어도 좋고
밥 위에 얹어 덮밥으로 먹어도 맛있어요.

피망잡채 손님 초대 요리로 좋아요

FOR
2

필수 재료 돼지고기(1줌=100g), 피망(2개), 양파(½개)
선택 재료 통조림 죽순(½개), 마늘(1쪽), 생강(1쪽)
양념 굴소스(2), 설탕(0.3), 후춧가루(약간), 참기름(0.4)

01 결방향으로 썰어야 볶으면서 부서지지 않아요.
돼지고기를 살짝 얼러 썰면 채 썰기가 쉬워요.

03 죽순의 빗살무늬 안쪽을 깨끗이 씻어 주세요.

돼지고기는 살코기로 준비해 채 썰고,

피망과 양파도 고기와 같은 굵기로 채 썰고,

죽순은 반으로 갈라 깨끗이 씻어 납작하게 썰고, 마늘, 생강도 얇게 썰고,

06 참기름은 나중에 넣어야 향이 살아 있어요.

달군 팬에 식용유(1)를 두르고 마늘과 생강으로 향을 낸 후 꺼내고,

돼지고기를 넣고 중간 불로 익힌 후 센 불로 올려 양파, 죽순을 넣어 볶고,

굴소스(2)와 설탕(0.3)을 넣고 볶다가 피망, 후춧가루, 참기름(0.4)을 넣고 볶아 마무리.

맑고 깊은
겨울

겨울에 가장 맛있는 무와 굴이 만났어요.
버무리자마자 바로 싱싱하게 먹어도 좋고
며칠 두었다가 김치처럼 익혀 먹어도 별미죠.

무굴생채 겨울의 대명사

FOR
2

필수 재료 굴(100g), 무(1토막=200g)
선택 재료 쪽파(3대) 양념 소금(0.7)
양념장 설탕(0.2)+고춧가루(1.3)+멸치액젓(1)+다진 마늘(0.2)+다진 생강(0.1)+참깨(0.2)

01

무는 적당한 길이로 채 썰어 소금(0.2)을
뿌려 10분간 절이고,

02

양념장을 섞어 10분간 두고,

03

소금물에
씻어야 굴의
맛성분이
빠져나가지
않아요.

굴은 옅은 소금물(물 2컵+소금 0.5)에
흔들어 씻으며 딱지를 제거한 뒤
체에 밭쳐 물기를 빼고,

04

쪽파는 적당한 길이로 썰고,

05

두고 먹을거라면
수분을 가볍게
눌러 짜주세요.

절인 무의 물기를 뺀 뒤 양념장을 넣고
고르게 버무리고,

06

쪽파와 굴을 넣고 한번 더 가볍게 버무려
마무리.

무생채 시원하고 깔끔한

늘 집에 두고 먹게 되는 무, 단지
곱게 채를 쳐서 간단한 양념에만
버무려도 시원하고 깔끔한 요리가
되지요. 밥 위에 얹어 고추장을 넣고
비비면 한 그릇 뚝딱이랍니다.

FOR 2

필수 재료 무(1토막=150g)
양념 고운 고춧가루(0.3)
양념장 설탕(0.5)+소금(0.3)+식초(0.7)+
다진 파(0.4)+다진 마늘(0.2)+
다진 생강(0.1)+깨소금(0.2)

01 원통형으로 세워서 썰어주세요.

무를 원하는 길이로 토막 내
원통형으로 세워서 납작 썰고,

02

납작 썬 무는 곱게 채 썰고,

03

고춧가루로 색을 내고 먹기 직전 무에
양념장을 넣고 가볍게 버무려 마무리.

무나물 술술 넘어가는

부드럽게 볶은 무나물, 남녀노소
누구나 좋아하는 반찬이랍니다.
한입 입에 넣으면 씹을 새도 없이
그냥 술술 넘어가지요.

FOR 2	필수 재료 무(1토막=150g) 양념 소금(0.2), 다진 파(0.4), 다진 마늘(0.2)

같은 길이로 채를 썰면 썰기도 편하고 길이가 일정해 단정해요.

무는 같은 길이로 고르게 채 썰고,

무에서 수분이 나오므로 따로 물을 넣지 않아도 돼요.

냄비에 무와 소금(0.2)을 넣고 약한 불에서
뚜껑을 닫고 투명해질 때까지 익히고,

식용유(1)를 넣고 볶다가 다진 파(0.4),
다진 마늘(0.2)을 넣고 물기 없이 볶아
마무리.

남은 우엉조림이 있다면 다른 채소를 볶아 함께 넣고
버무려 우엉 잡채를 만들어 보세요.
우엉의 향과 씹는 맛을 함께 즐길 수 있어요.

우엉잡채 우엉이 주인공

FOR 2

필수 재료 우엉(1대) **선택 재료** 양파($\frac{1}{2}$개), 붉은 고추(1개), 풋고추(2개)
양념 참깨(0.3), 참기름(0.3)
양념장 설탕(0.5)+간장(1.5)+맛술(1.5)+물엿(1)

물이 끓고 나서 3분간 삶아 주세요.

우엉은 먹기 좋게 등분해 채 썰어 끓는 물에 삶아 건지고,

붉은 고추, 풋고추는 우엉 길이로 채 썰고,

양파도 같은 길이로 채 썰어 준비하고,

냄비에 양념장을 넣고 끓으면 우엉을 넣고 물기 없이 조리고,

양파는 살짝 아삭하게 볶아 주세요.

팬에 식용유(1)를 두르고 양파, 붉은 고추, 풋고추의 순서로 볶고,

우엉에 볶아 놓은 채소, 참깨(0.3), 참기름(0.3)을 넣고 섞어 마무리.

파래무무침 바다 향이 느껴져요

말리지 않은 생파래는 바다향을
그대로 느끼게 해주죠.
이물질이 섞여 있으니 찬물에
흔들어 가며 여러 번 씻어 주세요.

FOR 4	
필수 재료	생파래(1묶음), 소금(0.3)
	무($\frac{1}{5}$토막=50g)
양념장	설탕(0.5)+고춧가루(0.2)+식초(1.5)+
	국간장(0.5)+다진 마늘(0.2)+
	다진 파(0.4)+깨소금(0.2)

01

넉넉한 찬물에 흔들어 가며 씻어 불순물을 제거해요.

생파래는 소금(0.3)을 넣고 바락바락
주물러 찬물에 여러 번 헹구고,

02

무는 채 썰고,

03

생파래와 무에 양념장을 넣고 골고루
버무려 마무리.

말린애호박나물

추운 겨울 호박이 귀할 때, 한여름에
말려두었던 애호박을 살짝 불려요.
양념이 잘 배도록 꼭꼭 주물러 양념해서
고소한 들기름에 달달 볶으면
그맛이 일품이죠.

FOR
2

필수 재료 말린 호박(2줌=50g)
양념 들기름(1.5)
양념장 국간장(1)+다진 파(0.7)+다진 마늘(0.4)+
깨소금(0.2)+후춧가루(약간)

말린 호박에 물(3컵)을 붓고 부드럽게
불면 물기를 꼭 짜고,

호박에 양념장을 넣고 무치고,

팬에 들기름(1.5)을 두르고 호박을 넣고
볶아 마무리.

무간장피클 두고두고 먹어요

무가 수분이 많을 때는
소금에 살짝 절여서 물기를 뺀 뒤
담가 주세요. 아작 씹히는 맛이
밑반찬으로 그만이죠.

FOR 4	
	필수 재료 무(300g), 소금(0.5)
	선택 재료 붉은 고추(½개), 통후추(5알)
	피클액 설탕(⅓컵)+간장(⅓컵)+식초(⅓컵)+물(⅓컵)

01 무는 손가락 크기로 길쭉하게 썰어
소금에 20분 절이고, 붉은 고추는 반으로
갈라 씨를 빼 어슷 썰고,

02 냄비에 피클액과 통후추를 넣어 팔팔
끓이고,

냉장고에
보관해 시원하게
드세요.

뜨거울 때
부어야 아삭거리는
맛이 좋답니다.

03 절인 무를 뜨거운 피클액에 넣고
완전히 식혀 마무리.

무말랭이무침 오돌오돌 씹는 맛

무말랭이를 불릴 때 너무
오래 불리면 물컹거려서 맛이
없어요. 잠시만 불려
꼬들꼬들해지면 바로 건져
양념과 함께 무쳐주세요.

FOR
2

필수 재료 무말랭이(1줌=50g), 고춧잎(½줌=10g)
양념장 설탕(0.5)+고춧가루(3)+간장(1.4)+
멸치액젓(2)+다진 마늘(1)+
다진 생강(0.4)+물엿(3)+참깨(0.3)

01

말린 고춧잎은 미지근한 물에 담가
4시간 정도 불리고,

02

오래 불리면
물러져서 꼬들거리는
맛이 없어져요.
5분만 불리세요.

무말랭이는 바락바락 주물러 씻은 뒤
물(1컵)에 불리고,

03

불린 고춧잎과 무말랭이의 물기를 짜고,
양념장에 주물러 무쳐 마무리.

굴전 하나로도 풍성한 맛

굴은 생것으로도 맛있지만
굴전을 부치면 특유의 향이
깊어지면서 입안 가득 풍성한 맛을
선사하죠. 너무 오래 익히지 말고
살짝만 익혀야 더 맛있답니다.

FOR
4

필수 재료 굴(10개), 소금(0.4), 달걀(1개), 밀가루(3)

01
굴은 물(1컵)에 소금(0.3)을 넣고
흔들어 씻어 체에 받치고,

02
달걀은 소금(0.1)을 넣어 풀고,

03
굴에 밀가루를 묻히고 달걀물에 적셔
팬에 약한 불로 노릇하게 지져 마무리.

굴이 너무
작으면 2개씩 함께
부쳐 주세요.

미역줄기는 소금에 절여져 있어서 짠맛을 완전히
빼고 요리를 해야 맛있어요. 파랗게 데치면
비린내도 없어지고 색도 살아난답니다.

미역줄기볶음 오독오독 씹는 즐거움

FOR
4

필수 재료 미역줄기(2줌=200g)
양념 간장(1), 다진 마늘(0.5), 참깨(0.3)

01

미역줄기는 바락바락 주물러 여러 번
씻어 짠맛을 빼고,

02

끓는 물(5컵)에 미역을 넣고 파랗게
3분 정도 데쳐 건져 물기를 빼 적당히
자르고,

03

팬에 식용유(1)를 두르고 미역을 넣고
볶다가 간장(1), 다진 마늘(0.5)을 넣어
볶고,

04

참깨(0.3)를 넣고 한 번 더 볶아 마무리.

명태에서 명란을 빼고 꾸덕하게 말린 코다리는 값이
저렴하면서도 맛있는 식재료죠. 액젓 양념을 넣으면
한층 더 맛이 깊어진답니다.

코다리양파찜 부드러운 생선살

FOR 2

필수 재료 코다리(2마리) 선택 재료 양파($\frac{1}{2}$개), 청양고추(2개), 대파($\frac{1}{2}$대)

양념장 설탕(0.6)+고춧가루(0.6)+간장(0.9)+생강즙(0.4)+까나리 액젓(1.4)+새우젓(1)+다진 마늘(1)+다진 생강(0.4)+들기름(1.4)+물($\frac{3}{5}$컵)

01

중간의 가시는 발라서 빼주세요.

코다리는 반으로 갈라 펴 살만 발라
먹기 좋게 자르고,

02

양파는 채 썰고, 청양고추와 대파는
어슷 썰고,

03

냄비에 코다리, 양파, 양념장을 넣어
끓이고,

04

청양고추, 대파를 넣고 국물을 끼얹어
가며 조려 마무리.

무청을 말려 부드럽게 삶은 시래기는 섬유질이
풍부할 뿐 아니라 비타민 D도 풍부해 햇빛이 부족한
겨울철의 영양식이랍니다. 된장 양념을 해서
멸치 육수로 끓인 구수한 시래기 된장찜 꼭 해보세요.

시래기된장찜 고향의 맛

FOR 2	필수 재료 삶은 시래기(3줌), 국물용 멸치(6마리), 다시마(10x10cm, 1장), 물(3컵) 선택 재료 대파(½대) 양념장 된장(6)+고추장(1.6)+다진 마늘(2)

01

시래기의 물기를 짜서 적당한 크기로 썰고,
대파는 어슷 썰고,

02

시래기는 양념장에 버무리고,

03

멸치는 내장을 빼고, 다시마는 칼집을
넣고,

04

10분 이상
다시마를 넣고 끓이면
육수가 텁텁해요.

물(3컵)에 멸치와 다시마를 넣고 끓으면
다시마만 건지고 10분 더 끓여 멸치를
건지고,

05

육수에 양념한 시래기를 넣고 중약불로
뭉근히 끓이고,

06

30분 정도면
부드럽게 익어요.

시래기가 부드럽게 익으면 대파를 넣고
한 번 더 끓여 마무리.

늘 집에 있는 재료인 무나 멸치를 이용해서 만든 요리예요.
생선조림을 하긴 번거로운데 매콤하고 달달한 무는 먹고 싶을 때 딱이에요.
구수한 멸치에 칼칼한 양념이 더해져 깊은 맛이 나요.
무 대신 감자를 이용해도 맛있답니다.

멸치무조림 속까지 깊은 맛

FOR
2

필수 재료 무(6토막=300g), 국물용 멸치(8마리)
선택 재료 마늘(1쪽), 대파($\frac{1}{2}$대)
양념장 물(1컵)+설탕(1)+고춧가루(1)+간장(4)

익히며 뒤적일 때 부서짐을 방지해요.

무는 껍질을 벗긴 뒤 둥근 모양을 살려 도 톰하게 썰어 각진 부분을 둥글게 깎고,

멸치가 크면 한 번 더 잘라 주세요.

멸치는 머리와 내장을 제거해 반 가르고,

마늘은 얇게 썰고, 대파는 어슷 썰고,

양념장에 멸치, 대파, 마늘을 섞고,

냄비에 무를 깔고 양념장을 고르게 얹고,

양념장이 $\frac{1}{3}$컵 쯤 남을 때까지 익혀 주세요.

중간 불에서 무가 투명하게 익을 때까지 뭉근히 조려 마무리.

115

꼬막은 다른 조개에 비해 살이 통통해서 살 발라 먹는
재미가 쏠쏠해요. 양념장만 올려 먹어도 맛있지만
달래를 넣고 버무리면 더욱 맛있답니다.

꼬막달래무침 통통하게 살이 오른 쫄깃한 맛

FOR 2

필수 재료 꼬막(3컵=300g), 굵은 소금(적당량)
선택 재료 달래(10뿌리)
양념장 고춧가루(0.5)+청주(0.7)+간장(1.2)+다진 마늘(0.2)+물엿(0.4)+깨소금(0.2)

01

꼬막은 소금으로 바락바락 주물러 씻고,

02

입이 벌어진 뒤 계속 삶으면 질겨지고 맛도 없어져요.

끓는 물(3컵)에 소금(0.3)을 넣고 꼬막을 넣어 입이 벌어질 때까지 삶고,

03

겉을 깨끗이 씻어 삶으면 헹구지 않아도 돼요.

찬물에 가볍게 헹궈 속살만 발라내고,

04

달래는 뿌리 부분을 칼 옆으로 납작하게 눌러 적당히 썰고,

05

먹기 직전 버무려야 가장 맛있어요.

꼬막에 양념장을 넣어 버무리고,

06

달래를 넣고 살짝 더 버무려 마무리.

PART

03

—

일년 내내
찾는
매일 반찬

북어회초무침 촉촉하게 매콤하게

회무침은 신선한 생물 생선으로
만드는 거 아니냐고요? 생선회 없이도
회무침을 만들 수 있답니다.
집에 있는 북어포를 양념과
비무려 꼭꼭 무쳐 보세요.

FOR
4

필수 재료 북어포(1줌=30g)
양념장 설탕(0.5)+고춧가루(0.3)+식초(1.5)+
청주(1)+물(1)+다진 파(0.4)+다진 마늘(0.2)+
고추장(2)+물엿(1)

01

북어포는 먹기 좋게 찢고, 양념장은
섞어 놓고,

02

북어포에 양념장을 넣고 꼭꼭 주물러
무치고,

03

양념이 속까지
흡수되도록 잠시
무었다 먹으면
더 맛있답니다.

양념으로 뭉친 북어포를 풀어 헤쳐
마무리.

콩나물을 한 봉지 사면 삶아서 반은 건져 무치고
반은 국을 끓여보세요. 쉽게 만들고,
자주 먹어도 질리지 않아요.

01

콩나물은 깨끗이 씻어 준비하고,

콩나물무침 밥상 위의 기본 반찬

FOR
4

필수 재료 **콩나물**(1봉지=200g), **소금**(0.2)
양념 **소금**(0.2), **고춧가루**(0.3), **다진 파**(0.7),
다진 마늘(0.4), **깨소금**(0.2)

02

물(1컵)에 소금(0.2) 넣어 끓이다가
콩나물을 넣고 뚜껑 닫고 중간 불에서
8분간 삶고,

03

익은 콩나물은 체에 밭쳐 식히고,

04

양념을 넣고 무쳐 마무리.

하얗고 찰랑찰랑한 청포묵. 끓는 물에 데치면
탱탱함도 살아나고 맛도 더 좋아지죠. 출출할 때 간식으로,
간단한 안주로, 그리고 맛있는 밥반찬으로 청포묵무침 한 접시요~

청포묵무침 찰랑찰랑 탱탱한 느낌

FOR
2

필수 재료 **청포묵**(½모), **김**(1장), **쪽파**(2대)
양념 **소금**(0.1), **참기름**(0.4), **깨소금**(0.2)

01

남은 청포묵은 두부처럼 물에 담가 냉장고에 보관하세요.

청포묵은 깍둑 썰고,

02

묵은 냉장고에 있던 채로 사용하면 노화가 되어 단단하고 맛이 없어요.

끓는 물에 넣고 투명하게 데쳐 건지고,

03

비닐팩에 넣고 비벼 부수면 편해요.

김은 구워 잘게 부수고,

04

쪽파는 적당한 길이로 썰고,

05

청포묵에 소금(0.1)과 참기름(0.4), 깨소금(0.2)을 넣고 버무린 후 쪽파와 김을 넣고 무쳐 마무리.

PLUS RECIPE
청포묵 쑤는 법
필수 재료
청포묵 가루(1컵), 물(7컵)
선택 재료
소금(0.2)

1. 물(7컵)에 청포묵 가루(1컵)를 넣고 잘 풀고,
2. 투명하게 끓으면 불을 줄여 20분간 계속 저어가며 끓이고,
3. 소금(0.2)을 넣어 고르게 섞고,
4. 틀에 부은 후 랩을 씌워 서늘한 곳에서 2시간 굳혀 마무리.

감자조림을 할 때마다 감자가 자꾸 부서진다고요?
감자를 먼저 볶아서 조려주세요. 형태가 단단하게 잡혀
익어도 쉽게 부서지지 않는답니다.

감자양파간장조림 <small>짭조름하게 조려요</small>

FOR
2

필수 재료 감자(1개=200g), 양파 ($\frac{1}{2}$개) 선택 재료 풋고추(1개)
양념장 간장(2.5)+설탕(1)+다진 파(0.7)+다진 마늘(0.4)+
참기름(0.4)+깨소금(0.2)+후춧가루(약간)

01

감자는 껍질을 벗겨 깍둑 썰어 찬물에 헹구고,

02

양파와 고추도 비슷한 크기로 썰고,

03

냄비에 식용유(1)를 두르고 감자의 겉면이 투명한 느낌이 나게 충분히 볶고,

04

젓가락으로 가운데를 찔러 쉽게 들어 갈때까지 익혀 주세요.

물($\frac{1}{2}$ 컵)과 양념장을 넣고 감자가 익을 때까지 뚜껑을 닫고 중간 불에서 익히고,

05

양파를 넣고 양념장을 끼얹어가며 중간 불에서 물기가 거의 없어질 때까지 조리고,

06

풋고추를 넣고 잠시 더 조려 마무리.

어묵은 생선 대신 간편하게 사용할 수 있는 실용적인 식품이에요.
어묵에 고추만 추가해도 새로운 맛이 나죠.
도시락 반찬으로도 그만이랍니다.

어묵고추볶음 매콤한 맛 추가요

FOR
2

필수 재료 사각 어묵(2장)
선택 재료 풋고추(1개), 붉은 고추(1개)
양념 설탕(0.3), 다진 마늘(0.4), 간장(1), 물엿(0.5), 참깨(0.2), 참기름(0.4), 후춧가루(약간)

01 어묵 속에는 전분이 함유되어 있어 오래 데치면 불어서 맛이 없어요.

어묵은 끓는 물에 살짝 데치거나 끓는 물을
끼얹어 기름기를 제거하고,

02

어묵을 반 갈라 채 썰고,

03

풋고추, 붉은 고추는 씨를 뺀 후 채 썰고,

04

식용유(1)를 두른 뒤 팬에 어묵을 넣고
볶다가 설탕(0.3), 다진 마늘(0.4), 간장(1)을
넣고 재빠르게 볶고,

05 붉은 고추를 먼저 볶아 매운 맛을 냈어요.

색이 고르게 나면 붉은 고추를 넣어 볶다가
풋고추와 물엿(0.5)을 넣어 볶고,

06

참깨(0.2)와 참기름(0.4), 후춧가루를 넣고
섞어 마무리.

신기하게도 고사리를 부드럽게 삶아 간장 양념으로 볶으면
쇠고기와 비슷한 맛이 느껴져요. 약간의 쇠고기를
넣었더니 그 맛이 더욱 진해졌네요.

고사리나물 고기 맛이 부럽지 않아요

FOR
2

필수 재료 삶은 고사리(1줌=100g), 다진 쇠고기(½컵=70g)
쇠고기 양념장 설탕(0.2)+간장(0.5)+다진 파(0.2)+다진 마늘(0.2)+깨소금(0.2)+참기름(0.2)+후춧가루(약간)
고사리 양념장 국간장(1)+다진 파(0.4)+다진 마늘(0.2)+깨소금(0.2)+참기름(0.4)+후춧가루(약간)

01 고사리 끝 부분의 질긴 줄기는 잘라내고 깨끗이 씻어 적당히 썰고,

02 쇠고기와 고사리를 각각 양념장에 무치고,

03 팬에 식용유(1)를 두르고 쇠고기를 넣어 익을 때까지 볶고,

고기가 충분히 익어야 잡냄새가 날아가서 고사리에 배지 않아요.

04 고사리를 넣고 같이 볶다가 물(¼컵)을 넣고 뒤적여 뚜껑 닫아 부드럽게 익히고,

05 물기가 거의 없어지면 뚜껑을 열고 볶아 마무리.

채 썬 감자는 겉에 전분이 많아 그대로 볶으면
팬에 들러붙어 타게 되죠.
찬 소금물에 담갔다 볶으면 들러붙지도 않고
부서지지도 않아 쉽게 성공할 수 있어요.

감자채햄볶음 아이들이 더 좋아하는

FOR 2

필수 재료 감자(1개=150g), 소금(0.5), 햄(30g)
선택 재료 양파($\frac{1}{4}$개), 풋고추(1개)
양념 소금(0.2), 후춧가루(약간), 참깨(약간)

01 찬물에 여러 번 헹구면 전분질이 빠져 볶을 때 팬에 붙지 않고, 소금물에 담가 두면 유연성이 생겨 볶으면서 부서지지 않아요.

감자는 채 썰어 찬물에 여러번 헹궈
소금물(물 2컵+소금0.5)에 담그고,

02 고추 대신 피망이나 파프리카를 사용해도 좋아요.

양파, 햄, 풋고추는 채 썰고,

03

감자가 휠 정도로 절여지면 체에 밭쳐
물기를 빼고,

04

팬에 식용유(1)를 두르고 감자를 넣어
투명한 느낌이 날 때까지 볶고,

05

양파와 햄을 넣고 양파가 아삭한 상태까지
볶아 소금(0.2), 후춧가루로 간을 하고,

06

풋고추와 참깨를 넣고 한 번 더 볶아
마무리.

도시락 반찬의 대명사는 달걀말이죠.
달걀 안쪽에 당근과 시금치를 넣어 색색으로 말아 볼까요?
달걀을 성글게 풀면 흰색이 살아 더 예쁘답니다.

채소달걀말이 <small>화려한 색의 조합</small>

FOR
2

필수 재료 달걀(4개), 소금(0.2)
선택 재료 당근 (½개), 시금치(1줌)

01

성글게 풀면 흰색이 살아나 달걀말이 색이 예뻐요.

달걀에 소금(0.2)을 넣어 대충 풀고,

02

시금치는 끓는 물(5컵)에 소금(0.3) 넣고 뿌리쪽부터 넣어 5초 정도 데쳐요.

당근은 채 쳐 살짝 볶고, 시금치는 데쳐 물기를 꼭 짜 준비하고,

03

기름이 많으면 달걀 물을 고르게 펼치기 힘들어요.

팬에 식용유(0.3)를 두르고 약한 불에서 달걀물의 반을 부어 고르게 펼치고,

04

겉면이 어느 정도 익었을 때 양 끝에 당근과 시금치를 놓고 안으로 말아 팬 한쪽에 놓고,

05

달걀말이를 살짝 들어 밑에까지 달걀물을 넣어 주세요.

남은 달걀물을 부어 먼저 부친 달걀말이와 연결하고,

06

식은 뒤 썰어야 매끈하게 잘 썰어져요.

달걀을 계속 말아 노릇하게 익혀 썰어 마무리.

달걀말이에 치즈를 넣고 말면 맛도 업그레이드,
영양도 업그레이드, 그리고 모양도 업그레이드!

치즈달걀말이 고소한 맛 추가요

FOR
2

필수 재료 달걀(4개), 소금(0.2), 슬라이스 치즈(1장)
선택 재료 양파($\frac{1}{6}$개), 부추(약간)

01

달걀에 소금(0.2)을 넣어 잘 풀고, 치즈는 반으로 접어 길이로 반 가르고,

02

양파는 잘게 다지고 부추는 송송 썰어 모두 달걀물에 섞고,

03

팬에 식용유(0.3)를 두르고 약한 불에서 달걀물의 반을 부어 고르게 펼치고,

04

치즈는 약간 짧게 안쪽으로 넣어야 녹아 나오지 않아요.

윗면이 약간 덜 익었을 때 한쪽 끝에 치즈를 놓고 안쪽으로 접어 말고,

05

거의 다 말아졌을 때 남은 달걀물을 부어 연결해 말아 완전히 익히고,

06

약간 식혀서 썰면 예쁘게 썰 수 있어요.

뜨거울 때 김발로 형태를 잡아준 후 마무리.

135

입맛이 없으시다고요? 제가 몸이 아프거나
입맛이 없을 때 잘 해먹는 방법인데요, 달걀찜을 만들어
밥을 넣고 비벼 보세요. 여기에 김치 한 쪽
얹어 먹으면 없던 입맛도 살아난답니다.

달걀찜 보들보들

FOR
2

필수 재료 달걀(3개), 물(⅔컵), 새우젓 국물(1)
선택 재료 청주(1.5), 쪽파(1대)

달걀에 물(⅔컵), 새우젓 국물(1),
청주(1,5)를 넣어 잘 풀고,

쪽파는 송송 썰고,

불이 세면
겉면이 타고
속은 덜 익게
돼요.

뚝배기에 달걀물을 넣고 약한 불에서
뚜껑을 닫아 익히고,

새우살이나 날치알
등을 넣거나 잘게 다진
채소 등을 넣어
다양한 맛을
즐기세요.

뚝배기의 바깥쪽 부분 달걀이 익기
시작하면 숟가락으로 뒤적인 뒤 뚜껑을
닫고 다시 익히고,

잠시 후 한 번 더 반복을 하고 위에 쪽파를
뿌린 뒤, 불을 끄고 남은 열로 익혀 마무리.

PLUS RECIPE
또 다른 방법의 달걀찜
1. 뚝배기에 물(⅔컵)을 넣어 끓이고,
2. 달걀을 풀어 새우젓(1), 청주(1.5)를 섞고,
3. 끓는 물에 달걀물을 넣으며 저어 섞고,
4. 송송 썬 쪽파를 넣어 약한 불로 익혀 마무리.

미역초무침 없던 입맛 살려주는

신선한 바다향이 물씬 풍기는
미역. 우리 몸에 좋은
대표적인 알칼리성 식품이죠.
새콤하게 양념에 버무려
바다향을 느껴봐요.

FOR
4

필수 재료 불린 미역(100g), 오이(½개)
양념장 설탕(0.6)+소금(0.2)+식초(1.5)+
다진 마늘(0.2)

불린 미역은 적당히 잘라 끓는 물에
데치고,

오이는 반 갈라 어슷 썰고,

붉은 고추를
송송 썰어 올리면 더욱
먹음직스러워요.
냉장고에 넣어
차게 드세요.

양념장에 버무려 마무리.

애느타리버섯구이

요즘 느타리버섯보다 더 많이 나오는
애느타리버섯은 크기가 작아 찢어 쓰지 않고
갈라만 사용하므로 더 쫄깃한 맛을
즐길 수 있어요. 센 불에 구워
간단한 소스로 버섯의 향을 즐겨요.

FOR
2

필수 재료 애느타리버섯(400g)
밑간 올리브유(1.4), 소금(0.1), 후춧가루(약간)
소스 설탕(0.5)+간장(1)+맛술(1)+물엿(0.5)

애느타리버섯은 밑동을 잘라내고
손으로 먹기 좋게 뜯어 밑간에 고르게
섞고, 쪽파는 송송 썰고,

팬을 달궈 버섯을 앞뒤로 노릇하게 굽고,

소스를 뿌려 센 불로 조린 뒤 쪽파를 뿌려
마무리.

콩나물파무침 콩나물만으론 심심해

고깃집에 가면 곁들여 나오는
파무침을 응용해서 씹는 맛이
좋은 콩나물을 함께 넣어 무쳐봤어요.
고기 요리와도 잘 어울리지만
그냥 반찬으로도 맛있답니다.

FOR
4

필수 재료 콩나물(2줌=150g), 대파(2대), 소금(0.2)
양념 소금(0.2), 고춧가루(0.5), 다진 마늘(0.4),
참기름(1), 깨소금(0.2)

01

물(1컵)에 소금(0.2)을 넣고 끓으면
콩나물을 넣고 뚜껑을 닫아 중간 불에서
8분간 삶은 뒤 체에 밭쳐 식히고,

02

손가락 길이로 파를
잘라 세로로 반을 가른 뒤
심을 제거하고 도마위에 세
로로 겹쳐 채로 썰어요.

파는 적당한 길이로 잘라 반으로 가르고
곱게 채쳐 찬물에 담갔다 건지고,

03

양념을 넣고 무쳐 마무리.

달걀은 저렴하면서도 영양 많고 맛도 좋은 최고의
식재료죠. 삶은 달걀에 간장과 약간의 설탕만 넣고
조렸을 뿐인데 이렇게 쉽게 반찬이 만들어 지네요.

01 소금과 식초가
달걀이 금이 갈 경우
속이 흘러나오지 않게
막아줘요.

달걀이 잠길 만큼 물을 붓고
소금(1)과 식초(1)를 넣어 불 위에 올리고,

달걀장조림 달걀만 있으면 만들어요

FOR 4	필수 재료 달걀(8개), 소금(1), 식초(1)
	양념장 간장(7)+설탕(1)

02 물이
끓기 시작해서
15분 익히면
완숙이 돼요.

완숙이 될 때까지 가끔 굴려가며 달걀을
익히고,

03 달걀과
바깥의 물의 온도차로
껍데기 안쪽에 물이 차면서
껍데기가 잘 벗겨져요.

얼른 찬물에 담가 식혀 껍데기를 벗기고,

04

중간 불에서 냄비에 양념장을 넣고
바글바글 끓으면 달걀을 넣고 물기없이
조려 마무리.

참치에 몇 가지 채소와 매콤한 양념을 넣고
함께 볶아 보세요. 반찬으로도 좋고 술안주도로 좋아요.
바게트나 크래커에 얹어 먹어도 맛있답니다.

매운참치볶음 통조림도 요리가 돼요

FOR 2	필수 재료 **참치 통조림**(1캔=150g)
	선택 재료 **감자** (⅓개), **당근**(⅓개), **양파**(⅓개), **청양고추**(2개)
	양념장 **고추장**(2)+**케첩**(1)+**물엿**(1)

01 국물은 버리지 말고 따로 두세요.

참치 통조림의 건더기와 국물을 분리하고,

02

감자와 당근, 양파는 잘게 깍둑 썰고,

03

청양고추는 다지고,

04

팬에 참치 국물을 붓고 감자, 당근, 양파를 넣어 익을 때까지 볶고,

05 오래 볶으면 참치가 퍽퍽해져요.

양념장을 넣고 볶다가 참치를 넣고 살짝 볶고,

06

청양고추를 넣고 뒤적여 마무리.

쥐치포고추장무침

FOR
4

필수 재료 **쥐치포(4장)**
양념장 간장(0.3)+다진 마늘(0.3)+고추장(2)+
물엿(1.5)+참깨(0.4)+참기름(0.2)

쥐치포는 센 불에 구우면 딱딱해서
먹기 힘들고, 그렇다고
안 구우면 비린내가 나죠.
살짝 구워서 양념과 버무려 잠시
두면 쫀득한 밑반찬이 만들어져요.

센 불로 구우면
단단해져요.

01

쥐치포는 약한 불에 노릇하게 굽고,

02

양념장을 만들고,

03

구운 쥐치포를 한입 크기로 썰어
양념장과 고르게 버무려 2시간 정도 두어
마무리.

북어포고추장무침

북어고추장구이는 누구나 좋아하는
반찬이지만 불리고 두드리고 바르고
굽고…… 번거롭기도 해요. 북어포에 그저
고추장 양념만 넣고 무쳐도
구이만큼 맛있는 반찬이 된답니다.

FOR
2

필수 재료 북어포(1½ 줌=30g)
양념 식용유(1.5), 참기름(0.4)
양념장 고춧가루(0.5)+간장(0.8)+다진 파(0.7)+
다진 마늘(0.4)+물엿(1.5)+고추장(2)+
참깨(0.3)

01

북어포는 먹기 좋게 찢고,

02

북어포를
부드럽고
고소하게
해줘요.

식용유(1.5)와 참기름(0.4)을 섞어
북어포에 넣어 버무리고,

03

양념장을 넣고 꼭꼭 무친 뒤 뭉친 것을
잘 풀어 마무리.

진미채 무침을 할 때 가장 많이 실패를 하는 경우가
너무 딱딱하게 된다는 거죠. 마요네즈를 넣어
부드러운 맛을 살리는 센스를 발휘하세요. 양념장이
뜨거울 때 넣으면 딱딱해진다는 것도 기억하시고요.

진미채고추장무침 부드럽게 무쳐줘요

FOR
2

필수 재료 진미채(1½ 줌=80g)
양념 마요네즈(1), 고운 고춧가루(1), 참깨(0.4)
양념장 설탕(0.5)+간장(0.5)+다진 마늘(0.4)+다진 생강(0.2)+고추장(2)+물엿(2)

01

마요네즈가 진미채를 부드럽고 고소하게 해줘요.

진미채는 적당한 길이로 잘라
마요네즈(1)로 버무려 10분간 두고,

02

조금만 불이 세거나 오래 볶으면 타요.

팬에 식용유(2)를 두르고 고춧가루(1)를
넣고 약한 불에서 가볍게 볶고,

03

오래 끓이면 농도가 강해지니 주의하세요.

고추기름이 우러나면 양념장을 넣고
저어가며 끓이고,

04

식힌 뒤 버무려야 진미채가 단단해지지 않아요.

바글바글 끓으면 바로 불을 끄고 충분히
식히고,

05

진미채를 넣고 골고루 버무리고,

06

참깨(0.4)를 넣고 한 번 더 버무려 잘 풀어
마무리.

오징어와는 또 다른 맛을 내는 꼴뚜기,
워낙 작아서 말리면 그야말로 더 작아지지만
씹을수록 진하게 우러나는 맛은
오징어 저리 가라 랍니다.

말린꼴뚜기조림 한입에 몇 마리야?

FOR
2

필수 재료 말린 꼴뚜기(1컵)
선택 재료 마늘(2쪽), 풋고추(1개)
양념 간장(1.5), 설탕(0.5), 물엿(1), 참깨(약간)

01

물을 많이 붓고 불리면 맛 성분이 빠져요.

말린 꼴뚜기는 물을 잠길 정도로 붓고
20분 정도 불려 건지고,

02

마늘은 얇게 썰고, 풋고추는 송송 썰고,

03

팬에 식용유(1)를 두르고 마늘을 넣고
볶아 향을 내고,

04

불린 꼴뚜기를 넣어 볶고,

05

물기가 없어지면 간장(1.5)과 설탕(0.5)을
넣고 물기 없이 볶고,

06

물엿을 넣고 난 뒤 오래 볶으면 짙거져요.

풋고추와 물엿(1), 참깨를 넣고 한 번 더
볶아 마무리.

149

매운맛을 싫어하는 사람들을 위해
간장 양념으로 만든 진미채볶음.
단단해지지 않도록 배즙과 마요네즈를
넣는 것이 비법이랍니다.

진미채간장볶음 깔끔하게 볶아줘요

FOR
2

필수 재료 진미채(80g)
양념 배즙(4), 마요네즈(1), 참깨(0.3)
양념장 설탕(0.5)+간장(2)+청주(1.4)+다진 마늘(0.4)+다진 생강(0.2)+물엿(1)+참기름(0.4)

01

배즙을 넣으면 진미채가 부드러워져요.

진미채는 적당한 길이로 잘라 배즙(4)에 버무려 10분간 두고,

02

진미채에 마요네즈(1)를 넣고 버무리고,

03

팬에 식용유(1)를 두르고 양념장을 넣어 끓이고,

04

양념이 고르게 밸 수 있게 잘 뒤적여 주세요.

진미채를 넣고 약한 불로 줄여 촉촉한 느낌이 날 때까지 볶고,

05

참깨(0.3)를 넣고 뒤적여 마무리.

마른새우볶음 바삭하게 볶아요

마른새우는 햇빛이 비치는 곳에 보관하면 색이 누렇게 변하기 쉬워요. 볶음도 맛있지만 냉동실에 밀봉해서 보관해 놓고 국물 육수 낼 때 조금씩 사용하면 시원한 국물 맛을 낼 수 있답니다.

FOR
4

필수 재료 마른 새우(2컵)
양념 식용유(1), 고추기름(0.7), 참깨(0.3)
양념장 설탕(0.3)+청주(0.4)+간장(1.5)+물엿(1.5)+
생강즙(0.2)+다진 마늘(0.4)

01

마른 새우는 면포에 넣고 비벼 가루를 털고,

02

센 불로 볶으면 타기 쉬워요.

팬에 식용유(1)와 고추기름(0.7)을 두르고 약한불에서 새우를 넣고 바삭하게 볶다 양념장을 넣고,

03

재빨리 볶아 수분이 없어지면 참깨(0.3) 뿌려 마무리.

청담동 단골반찬
일년 내내 찾는 매일 반찬

기본쌈장 순식간에 만들어요

쌈장은 사서만 드셨다고요?
집에서 된장과 고추장을 섞어서 만든
쌈장이 더 맛있답니다. 식성에 따라
된장과 고추장을 동량으로
사용해도 좋아요.

FOR 2

필수 재료 된장(3), 고추장(1.5)
선택 재료 풋고추(1개)
양념 다진 파(1), 다진 마늘(0.5), 참깨(0.3),
　　　참기름(0.4)

풋고추는 동글게 송송 썰고,

된장(3)과 고추장(1.5), 양념을 넣어 섞고,

풋고추를 넣고 한 번 더 섞어 마무리.

고기 없이 채소만 가지고 쌈을 싸먹을 때 뭔가 아쉽다고요?
그렇다면 쇠고기와 채소를 넣고 쌈장을 만들어 보세요.
고기 없이도 맛있게 드실 수 있답니다.

쇠고기쌈장 쌈장의 고급화

FOR 2

필수 재료 다진 쇠고기($\frac{1}{5}$컵=30g), 된장(3), 고추장(1.5)
선택 재료 양파($\frac{1}{6}$개), 마른 표고버섯 불린 것(1장), 청양고추(1개)
양념 다진 파(1), 다진 마늘(0.5), 참깨(0.3), 참기름(0.4)

01

양파와 불린 표고버섯은 잘게 다지고,
청양 고추는 송송 썰고,

02

고기가 완전히 익도록 볶아야 누린내가 모두 날아가요.

팬에 식용유(0.3)를 두르고 다진 쇠고기를
넣어 물기 없이 볶고,

03

고기가 익으면 양파와 표고버섯을 넣고
함께 볶다가 물($\frac{1}{2}$컵)을 부어 끓이고,

04

된장(3)과 고추장(1.5)을 풀어 걸쭉하게
조리고,

05

한 김 나가면 농도가 더 되직해져요.

다진 파(1), 다진 마늘(0.5)과 참깨(0.3)를
넣고 불을 끈 뒤 참기름(0.4)과 청양 고추를
넣어 잘 섞어 마무리.

PLUS TIP

집에 있는 된장, 고추장이 짜다면
1. 양파, 표고버섯 등의 양을 좀 더 늘려주세요.
2. 건과류(호두, 땅콩, 호박씨 등)를 팬에
   가볍게 볶아 함께 넣어주세요.

마른김무침 구워서만 먹나요

뜨거운 밥과도 잘 어울리고,
숭늉을 끓여 곁들이면
국물과 만나면서 김의 향이
향긋하게 퍼져 더 맛있답니다.

FOR 2

필수 재료 김(5장)
선택 재료 부추(⅓줌), 붉은 고추(½개)
양념장 간장(2.5)+물엿(1)+설탕(0.3)+참깨(0.3)+
고춧가루(0.3)+참기름(1)

01 마른김은 손으로 잘게 찢고, 중약 불로
달군 팬에 식용유(2)를 넉넉히 두르고
파래김을 넣어 바삭하게 볶고,

02 영양부추는 짧게 자르고, 붉은 고추도
세로로 반갈라 씨를 빼고 짧게 채 썰고,

03 양념장을 섞은 뒤 볶은 김을 넣고 재빨리
고루 무치고, 영양부추와 붉은 고추를
넣고 가볍게 한번 더 버무려 마무리.

고운오징어채볶음

뜨거운 팬에 넣자마자 오그라들며
수축하는 고운 오징어채.
그래서 약한 불에서 볶아야
딱딱하지 않고 맛있답니다.

FOR
2

필수 재료 고운 오징어채(2줌=60g)
양념 식용유(2.5)
양념장 간장(1)+물엿(1)+참깨(0.2)

오징어가
고소하고
부드러워
져요.

오징어채에 식용유(2.5)를 넣어
버무리고,

팬에 양념장을 넣고 약한불에 끓이고,

한 김 나간 뒤
그릇에 담아야
덩어리지지
않아요.

불을 끄고
팬의 남은 열을
이용해서
볶으세요.

오징어채를 넣고 버무리듯 볶아 마무리.

삼겹살은 그냥 구워서
쌈을 싸서 먹는 게 일반적이지만
찰떡궁합인 김치를 볶아 곁들여
색다른 요리로 만들어 봤어요

삼겹살구이김치볶음 카나페처럼 만들어요

FOR 2	필수 재료 삼겹살(2줌=200g), 익은 배추김치(⅓쪽=⅛포기) 선택 재료 대파(1대)
	양념 소금(약간), 후춧가루(약간)
	양념장 설탕(0.2)+고춧가루(0.3)+고추장(1)

01 삼겹살은 한입 크기로 썰고,

02 대파는 적당한 크기로 곱게 채 썰어 찬물에 담갔다 건지고,

매운 맛도 빠지고 둥글게 말려지는 효과도 있어요.

대파는 굵은 대부분을 쓰세요.

03 김치는 국물을 가볍게 짠 후 송송 썰고,

04 팬에 삼겹살을 올려 중간 불에서 소금, 후춧가루로 간해 노릇하게 굽고,

05 같은 팬에 김치를 넣고 볶다가 양념장을 넣어 함께 볶고,

06 구운 삼겹살 위에 볶은 김치를 얹고 파채를 올려 마무리.

돼지고기생강장구이

목살을 도톰하게 준비해
밑간으로 냄새를 없애고
앞뒤로 노릇하게 구워 주세요.
그리고 나서 양념에 조려야 고기가
부드럽고 양념 맛이 산답니다.

FOR 2

필수 재료 돼지고기 목살(200g)
밑간 다진 생강(0.4)+청주(1.4)+후춧가루(약간)
양념장 설탕(1)+간장(4)+청주(1.4)+물엿(1.5)+
　　　다진 마늘(0.5)+다진 생강(0.4)+
　　　후춧가루(약간)

01 냄새 제거를 위해서 10분 정도 재우세요.

목살은 도톰하게 준비해 밑간하고,

02

달군 팬에 식용유(0.5)를 두르고 고기를
앞뒤로 노릇하게 익히고,

03 구운 뒤 양념이 흡수되어 촉촉하게 돼요.

팬에 양념장을 넣고 끓으면 고기를 넣고
조리듯이 구워 마무리.

160

작은 사이즈의 비엔나 소시지를 채소와 함께
케첩 양념에 조리면 그 유명한 '소.야' 완성!
아이들 반찬은 물론 술안주로도 좋아요.

칼집을 깊숙이 넣어야 볶았을 때 칼집이 잘 벌어져요.

01

비엔나 소시지는 잔칼집을 넣고,

소시지케첩조림

FOR
2

필수 재료 비엔나 소시지(12개)
선택 재료 양파($\frac{1}{2}$개), 피망($\frac{1}{2}$개)
양념장 설탕(1)+간장(1.4)+케첩(3)+물엿(1)

02

양파와 피망은 사각 썰고,

03

달군 팬에 식용유(1)를 두르고 소시지와
양파를 넣어 볶고,

04

소시지의 칼집이 벌어지면 양념장과
피망을 넣고 물기가 없어질 때까지
조려 마무리.

어묵소시지간장조림

엄마가 도시락 반찬으로
뭐 싸줄까 하시면 꼭 싸달라고
부탁했던 요리죠. 요즘 고급스런
고기 소시지도 많지만 전 가끔
이 요리를 하면서 어린 시절을 기억해요.

FOR
2

필수 재료 어묵소시지(200g)
선택 재료 대파(½대)
양념장 설탕(0.3)+청주(1)+간장(2)+물엿(1)+
참깨(0.2)

01

어묵소시지는 동글 썰고, 대파는
어슷 썰고,

02

미리 구운 뒤
조려야 부서지지
않아요.

팬에 식용유(1)를 두르고 소시지를 앞뒤로
노릇하게 굽고,

03

양념장을 넣고 끓으면 소시지와 파를
넣고 물기 없이 조려 마무리.

두부매운찜 밥 한 그릇 뚝딱

시간이 없고 바쁘게 밥상을
차려야 할 때 두부 한 모만 있으면
뚝딱 만들 수 있는 반찬이에요.
시간이 있다면 두부를 살짝 소금에 절여
노릇하게 구워 조려도 맛있답니다.

FOR 2

필수 재료 두부 (1모=400g)
선택 재료 대파($\frac{1}{2}$대)
양념장 물($\frac{1}{2}$컵)+설탕(0.6)+고춧가루(1)+
　　　간장(4.2)+다진 파(1.4)+다진 마늘(0.5)+
　　　깨소금(0.2)+참기름(0.4)

01 두부는 두툼하게 잘라 소금(0.2)을 뿌려
간하고,

02 파는 어슷 썰어 양념장과 섞고,

03 팬에 두부를 담고 양념장을 고르게
끼얹으며 중간 불로 조려 마무리.

가래떡을 납작하게 썰어 불고기와 함께 볶았어요.
아이들이 고기보다 양념이 잘 밴 떡이 더 맛있다고 하네요.

가래떡소불고기 쫄깃한 가래떡을 넣어 더 맛있는

FOR
2

필수 재료 불고기용 쇠고기(2줌=200g), 가래떡(1줄)
선택 재료 쪽파(2대)
양념장 설탕(1)+간장(2)+다진 파(1)+다진 마늘(0.5)+깨소금(0.3)+참기름(0.3)

꾸덕꾸덕하게 굳은 것이 썰기 좋아요.

쇠고기는 먹기 좋게 썰어 양념장에 재우고,

가래떡은 토막 내 반으로 가른 뒤 납작 썰고,

쪽파도 먹기 좋게 썰고,

팬에 식용유(1)를 두르고 센 불로 달군 뒤 쇠고기를 넣어 볶고,

고기가 ¾ 정도 익으면 떡을 넣어 볶고,

떡이 부드럽게 익으면 쪽파를 넣어 한 번 더 볶아 마무리.

165

부드럽게 손질해서 양념에 조린
닭 간장 불고기는 꼬치에 떡볶이 떡과 함께
꽂아내면 아이들의 간식으로 내주어도 좋고
채소 샐러드와 곁들여 손님 초대 요리로 내도 좋답니다.

닭간장불고기 끝도 없이 먹게 되는

FOR **2**

필수 재료 닭다리살(3쪽=400g) 선택 재료 양파(½개), 쪽파(2대)
양념장 흑설탕(2)+청주(3)+간장(4.2)+다진 마늘(0.5)+다진 생강(0.4)
소스 식용유(1.4)+식초(0.7)+설탕(0.3)+소금(약간)

01

고기를 부드럽게 하기 위한 것이 아니라 익는 시간을 줄이고 양념이 잘 배게 하기 위해서예요.

닭고기는 망치로 두드리거나 칼로
잔 칼집을 내 한입 크기로 썰고,

02

너무 오래 재우면 닭고기가 단단해져요.

닭고기에 양념장을 넣어 10분간 재워 두고,

03

쪽파는 송송 썰고, 양파는 곱게 채 썰어
찬물에 헹궈 건지고,

04

처음부터 양념이 많이 묻어있으면 타기 쉬우니 닭만 건져서 먼저 익히세요.

팬에 식용유(1)를 두르고 중간 불에서
닭고기를 노릇하게 앞뒤로 지지고,

05

양파에 소스를 넣어 가볍게 버무리고,

06

양념이 타기 쉬우니 잘 뒤집어 가며 구워 주세요.

닭고기에 남은 양념장을 넣어 조린 뒤
그릇에 담고 양파와 쪽파를 곁들여 마무리.

팽이버섯을 넣고 돌돌 말아 조린 삼겹살말이는 반찬으로도
좋지만 안주로 더 좋답니다. 얇게 썬 삼겹살을
이용해야 속까지 익히기 쉽고 양념 맛도 더 잘 배요

팽이버섯삼겹살말이조림 안주감으로 최고

FOR
2

필수 재료 팽이버섯(1봉지), 삼겹살 얇게 썬 것(1½ 줌=150g)
양념장 설탕(0.5)+청주(1.4)+간장(2)+물엿(0.5)+후춧가루(약간)+생강(1쪽)

01

팽이버섯은 밑동을 자른 뒤 적당히 가르고,

02

얇게 썬 삼겹살이 없다면 베이컨을 대신 써도 좋아요. 이때는 간장의 양을 반으로 줄여주세요.

삼겹살 한쪽 끝에 팽이버섯을 놓고 돌돌 말고,

03

마지막 말린 부분을 밑으로 놓고 익히세요.

팬에 식용유(1)를 두르고 삼겹살말이를 넣고,

04

돌려가며 노릇하게 지지고,

05

다른 팬에 양념장을 넣어 끓이고,

06

삼겹살말이를 넣고 물기없이 조려 마무리.

169

양념통닭 좋아하세요? 칼로리 높고 값도 비싼
양념통닭 대신 닭고기 살을 사다가 고추장양념구이를
만들어 보세요. 반찬으로도 좋지만 떡이나
어묵이 있으면 함께 넣고 조려 간식으로 드셔도 좋아요.

닭고기고추장양념구이 양념통닭 대신

FOR 2

필수 재료 닭다리 살(4쪽=400g), 물(½컵)
밑간 청주(1)+다진 생강(0.3)+후춧가루(약간)
양념장 설탕(0.7)+간장(1)+고추장(1)+케첩(2)+다진마늘(0.5)+생강즙(0.3)+고추기름(1)+후춧가루(약간)

껍질 쪽은 칼끝으로 콕콕 찍어서 오그라드는 것을 방지해 주세요.

닭고기 살을 칼날로 충분히 두드려야 양념도 잘 배고 빨리 익어요.

닭고기는 칼날로 두드려 부드럽게 하고,

닭고기를 먹기 좋은 크기로 잘라 밑간해 20분 정도 재우고,

달군 팬에 식용유(1)를 두르고 재워 둔 닭고기를 중간 불에서 앞뒤로 노릇하게 굽고,

케첩의 신맛이 날아가도록 바글바글 끓여 주세요.

고기를 꼬치에 꽂아 내면 맛스러워요.

팬에 양념장과 물(½컵)을 섞어 끓이고,

구운 닭고기를 넣고 국물이 없어질 때까지 조려 마무리.

PLUS RECIPE
같은 양념으로 양념 통닭 만들기
1. 닭고기를 적당히 토막 내 소금(약간), 후춧가루(약간)로 밑간을 하고,
2. 닭고기 겉에 녹말가루를 고르게 묻혀 160℃에서 바삭하게 튀긴 뒤 180℃에서 한 번 더 튀기고,
3. 양념장에 물(½컵)과 물엿(2)을 넣고 바글바글 끓이고,
4. 튀긴 닭고기를 넣고 뒤섞어 마무리.

171

김치는 어떤 음식과도 잘 어울리지만 그래도
찰떡궁합을 꼭 하나 고르라면 역시 삼겹살이죠.
먼저 삶아서 기름기와 냄새를 뺀 삼겹살 덩어리와
묵은 김치를 함께 넣고 푹 무르게 익힌
김치찜으로 푸짐한 식탁을 만들어 볼까요.

삼겹살김치찜 환상의 궁합

FOR 2	필수 재료 통삼겹살(1덩어리=300g), 묵은 김치(1쪽=¼포기), 다시마(5x5㎝, 1장), 물(3½컵), 대파(½대)
	향신 재료 대파(½대), 마늘(2쪽), 생강(1쪽), 소주(3)
	양념장 김칫국물(1컵)+다진 마늘(1)+설탕(1)+후춧가루(약간) 다시마물 다시마(5x5㎝, 1장), 물(3½컵)

01

고기 분량이 늘어나면 물의 양과 삶는 시간도 늘려 주세요.

삼겹살이 잠길 만큼의 끓는 물에 삼겹살을 2등분해 넣고 겉이 익으면 향신 재료넣고 약한 불에서 뚜껑 열고 30분 정도 익히고,

02

삶은 삼겹살을 먹기 좋은 크기로 썰고, 대파는 어슷 썰고,

03

김치는 꼭지를 붙인 채 여러 쪽으로 가르고,

04

찬물에 다시마를 담가 20분 정도 두면 다시마 물이 만들어 져요.

김치가 많이 시지 않으면 설탕을 넣지 않아도 돼요.

냄비에 김치와 토막 낸 삼겹살을 넣고 다시마물(3½컵)과 양념장, 대파를 넣고 중간 불로 국물이 자작해질 때까지 끓여 마무리.

PLUS RECIPE
삼겹살이 없다면 멸치김치찜
필수 재료
굵은 멸치(6마리), 묵은 김치(1쪽=¼포기),
물(3½컵), 대파(½대)
향신 재료
대파(½대), 마늘(2족), 생강(1쪽), 소주(3)
양념장
설탕(1)+다진 마늘(1)+후춧가루(약간)+김치 국물(1컵)
만들기
1. 멸치는 내장을 제거한 후 반 가르고,
2. 찬물(3컵)을 붓고 중약 불에서 10분간 끓여 거르고,
3. 대파는 어슷 썰고,
4. 김치는 꼭지를 붙인 채 여러 쪽으로 가르고,
5. 냄비에 김치와 멸치 육수, 대파를 넣고 중간 불로
   국물이 자작해질 때까지 끓여 마무리.

감자 샐러드는 식빵 사이에 끼워
샌드위치를 만들어도 좋고
출출할 때 간식으로도 그만이랍니다.

감자샐러드 간식으로도 좋아요

FOR
2

필수 재료 감자(1개), 소금(0.5)
선택 재료 오이(⅓개), 스모크햄(50g), 양파(⅓개)
소스 설탕(0.2)+식초(0.5)+마요네즈(1)+플레인 요구르트(1)+소금(약간)+후춧가루(약간)

01

젓가락으로 찔러보아 들어가면 불을 끄세요.

감자는 깍둑 썰어 잠길 만큼 물을 붓고
소금(0.3)을 넣어 중간 불에서 삶고,

02

삶은 감자는 건져 식히고,

03

양파는 곱게 채썰어 소금(0.1)에 절여
물기를 꼭 짜고,

04

10분 절인 뒤
물에 헹구지 말고
그대로 꼭
짜 주세요.

오이는 얇게 둥글게 썰어 소금(0.1)에 절여
물기를 꼭 짜고,

05

3초간
데쳐 주세요.

햄은 짧게 채 썰어 끓는 물에 데쳐 식히고,

06

두고 먹을거라면
감자를 으깨서
쉬어야 맛이
변하지 않아요.

양파, 오이, 햄에 소스를 버무린 뒤
감자를 넣고 한 번 더 버무려 마무리.

감자를 살짝 익혀 아삭거리는 맛을 살려 만든 샐러드예요.
살짝 데친 뒤에는 찬물에 넣어
헹궈 주어야 아삭거림이 더 살아난답니다.

감자햄참깨소스샐러드 아삭아삭 즐거운

FOR 2

필수 재료 감자(1개=100g), 소금(0.3)
선택 재료 스모크 햄(50g), 셀러리(1줄기)
소스 설탕(0.5)+깨소금(1)+식초(0.7)+마요네즈(1.5)+소금(약간)

01 채칼을 이용해도 좋아요.

감자는 곱게 채 썰어 찬물에 담그고,

02

셀러리는 섬유질을 벗겨내고 적당한 길이로 곱게 채 썰고,

03 모든 채의 굵기를 일정하게 썰어주세요.

햄도 곱게 채 썰고,

04 셀러리와 햄은 3초간 감자는 5초간 데쳐 주세요.

끓는 물(3컵)에 소금(0.3)을 넣고 셀러리, 감자, 햄을 각각 순서대로 데쳐 꺼내고,

05 셀러리의 색도 살리고 감자의 아삭함도 살릴 수 있어요.

셀러리와 감자는 재빨리 찬물에 식혀 체에 밭치고,

06

모든 재료의 물기를 제거한 뒤 소스와 버무려 마무리.

오리엔탈드레싱샐러드

아삭거리는 양상추의 질감을
깔끔하고 산뜻하게
즐길 수 있는 요리예요.
재료도 간단하지만
드레싱은 더 만들기 쉽답니다.

FOR 2

필수 재료 양상추(2장), 토마토(1개)
선택 재료 적양파(½개), 어린잎채소(1줌)
드레싱 깨소금(0.3)+설탕(1)+식초(1.4)+간장(1.4)+
식용유(2.8)+참기름(0.4)

01 붉고 단단한 완숙 토마토로 준비하세요.

토마토는 얇고 둥글게 썰고,

02

양상추는 굵게 채 썰고, 적양파는 곱게
채 썰고, 어린잎채소는 찬물에 담갔다
건지고,

03

준비한 재료를 그릇에 담고
드레싱을 곁들여 마무리.

감자를 얇게 썰어서 밀가루 반죽을 입혀
노릇하게 지져보세요.
아이들이 특히 좋아하는 간식입니다.

01

감자는 얄팍하고 동그랗게 썰고,
쪽파는 송송 썰고,

감자전 입이 심심할 때

FOR 4	필수 재료 감자(1개), 밀가루(1컵), 물(1컵)
	선택 재료 쪽파(3대)
	양념 소금(약간)
	초간장 간장(1)+식초(0.3)

02

밀가루(1컵)와 물(1컵)을 섞고
소금을 넣어 반죽하고,

03

밀가루반죽에 감자와 쪽파를 넣고,

04

기름이 넉넉해야 잘 익고 바삭한 느낌이 살아요.

달군 팬에 식용유(4)를 넉넉하게 두르고
감자를 하나씩 넣고 노릇하게 지져
초간장을 곁들여 마무리.

179

버섯은 수분이 많은 재료여서 강한 불에 구워야 더 맛있죠.
쫄깃한 맛이 살도록 센 불에 구워 식힌 버섯에 맛있는
드레싱을 곁들여 보세요. 아주 별미랍니다.

구운버섯샐러드 쫄깃하게 구워서

FOR
2

필수 재료 애느타리버섯(1팩=150g)
선택 재료 베이컨(3줄), 대파 흰 부분(4cm)
드레싱 식초(1.4)+토마토케첩(1)+꿀(1)+플레인 요구르트(2)+간양파(1)+소금(약간)+올리브유(4)

01

버섯은 손으로 찢어 사용 하세요.

애느타리버섯은 적당히 뜯고 베이컨은
굵게 채 썰고,

02

팬에 올리브유(1)를 두르고 센 불에서
버섯을 물기 없이 익히고,

03

키친타월에
기름기를 빼도
좋아요.

팬에 베이컨을 넣고 볶아 꺼내 식히고,

04

대파는 얇게 채 썰어 찬물에 담갔다
건지고,

05

올리브유는
가장 마지막에
저어가며 넣어
주세요.

양파는 강판에 갈아 건더기와 함께
나머지 드레싱과 섞고,

06

어린잎채소를
곁들이면
좋아요.

접시에 버섯을 담고 드레싱을 뿌리고
베이컨과 파를 얹어 마무리.

담백한 닭 가슴살을 이용해
겨자 소스와 함께 버무린 샐러드예요.
톡 쏘는 겨자 맛에 입맛이 살아나죠.

닭고기겨자샐러드 고단백 저칼로리

FOR
2

필수 재료 닭 가슴살(2쪽)
선택 재료 청오이($\frac{1}{2}$개), 붉은 파프리카($\frac{1}{2}$개), 배($\frac{1}{2}$개)
소스 설탕(1)+연겨자(1)+식초(2.8)+다진 마늘(1)+소금(0.1)+참기름(0.4)

완전히 익힌 후 건지세요.

닭 가슴살은 끓는 물(2컵)에 넣고 삶아 식으면 결대로 찢고,

청오이는 껍질을 돌려 깎아 채 썰고,

길이를 일정하게 썰면 더 예뻐요.

파프리카와 배도 채 썰고,

연겨자가 뭉치지 않게 잘 풀어 주세요.

연겨자에 설탕을 넣고 섞고 나머지 소스 재료를 넣고 혼합해 소스를 만들고,

닭 가슴살 대신 게맛살을 찢어 넣어도 좋아요.

닭 가슴살에 소스의 반을 넣고 꼭꼭 주물러 가며 무쳐 풀어 주고,

나머지 재료와 남은 소스를 넣고 가볍게 버무려 마무리.

생선을 포를 떠서 전으로 부칠 때는 살짝 소금에 절여
수분을 빼고 부쳐야 달걀옷도 잘 입혀지고
모양도 예쁘게 지져진답니다.

생선전 얌전하게 지져서

FOR
2

필수 재료 동태포(8개=150g), 달걀(1개), 밀가루(3)
초간장 간장(1)+식초(0.3)
양념 소금(약간), 후춧가루(약간)

01

동태포에 소금과 후춧가루를 뿌려
살짝 절이고,

02

달걀은 소금(0.1)을 넣어 풀고,

03

물기가
남아 있으면
나중에 옷이 쉽게
벗겨져요.

동태포의 물기를 키친타월로 눌러
제거하고,

04

색을 예쁘게 하고
싶다면 달걀물의
흰자를 약간 빼도
좋아요.

동태포에 밀가루 → 달걀물 순서대로
고르게 묻히고,

05

식용유가
넉넉해야 속까지
잘 익어요.

팬에 식용유(2)를 두르고 약한 불에서
노릇하게 앞뒤로 지지고,

06

초간장을 만들어 곁들여 마무리.

부드러운 두부에 여러가지 채소를 다져 부친 동그랑땡.
식어도 맛있으니 한꺼번에 많이 부쳐 놓고 드셔도 좋아요.

두부동그랑땡 <small>곱게 다져 다시 뭉쳐</small>

FOR 2

필수 재료 두부($\frac{1}{4}$모)
선택 재료 쪽파(1대), 다진 당근(1.5), 다진 양파(1.5), 달걀(1개)
양념 소금(약간), 후춧가루(약간) 초간장 간장(1)+식초(0.3)

01

두부는 물기를 짠 뒤 칼날로 곱게 으깨고,

02

쪽파는 송송 썰고,

03

조금 묽은 듯한 반죽이에요.

두부에 달걀, 다진 당근, 다진 양파, 쪽파를 섞고 소금과 후춧가루로 간하고,

04

달군 팬에 식용유(2)를 두르고 두부 반죽을 한 숟가락씩 올리고,

05

한 면이 노릇해지면 뒤집어 익힌 뒤 초간장을 곁들여 마무리.

PLUS RECIPE
두부전
1. 두부는 한입 크기로 납작 썰어 소금에 살짝 절이고,
2. 달걀과 다진 채소를 고루 섞고,
3. 두부의 물기를 제거한 뒤 달걀물에 넣어 팬에 지져 마무리.

두부에 고르게 깨를 입혀 담백한
두부 맛에 고소함을 입힌 전이에요.
모양이 예뻐서 손님 상차림 요리로도 좋답니다.

두부깨전 두부가 옷을 입었어요

FOR
2

필수 재료 두부(½모), 참깨(2) 소금(약간), 밀가루(약간), 달걀(1개)
선택 재료 붉은 고추(½개), 대파 흰 부분(4cm)

01

> 두께는 1.5cm 정도로 도톰하게 썰어 주세요.

> 소금에 절이면 두부가 단단해 져서 전 부치기가 편해요.

두부는 직사각형으로 썰어 소금으로
밑간을 하고,

02

붉은 고추는 끝부분을 송송 썰고,
대파는 얇게 채 썰어 찬물에 담갔다 빼고,

03

두부는 물기를 제거해 밀가루를 묻히고,

04

> 검은깨를 사용해도 좋아요.

두부에 달걀물을 입힌 뒤 깨를 고르게
묻히고,

05

팬에 식용유(2)를 두르고 노릇하게 지지고,

06

파채와 붉은 고추로 장식해 마무리.

189

김치전 입에 쫙쫙 붙어요

송송 썬 김치에 국물까지 혼합해
만든 김치전, 그야말로 전 국민의
대표 부침개죠. 잘 익은
김치가 있다면 오늘
야식으로 김치전 어때요?

FOR 2	필수 재료 신김치(1컵), 밀가루(1컵), 김치 국물($\frac{1}{4}$컵), 물($\frac{1}{2}$컵)

김치 국물과 물($\frac{1}{2}$컵)에 부침가루를
넣어 섞고,

김장 김치의 경우
소는 가볍게 털어서
사용하세요.

김치는 송송 썰어 반죽과 섞고,

꾹꾹
눌러 가며
지져야
맛있어요.

팬에 식용유(2)를 두르고 반죽을
얇게 펴 앞뒤로 노릇하게 부쳐 마무리.

어묵소시지전 도시락 싸고 싶어

둥글고 큼직한 어묵 소시지를
동그랗게 썰어 전을 부쳐 보세요.
어린 시절 좋아하던 도시락 반찬인데요,
부드럽게 씹는 질감이
옛 추억을 느끼게 하죠.

FOR 2	필수 재료 **어묵 소시지**(½개=100g), **밀가루**(3), **달걀**(1개)
	선택 재료 **쪽파**(2대)

어묵 소시지를 둥글게 썰고,

달걀은 풀어 쪽파를 송송 썰어 넣고,

약한 불에서
충분히 익혀야
속까지 맛있게
익어요.

팬에 식용유(2)를 두르고 소시지에
밀가루, 달걀물을 문혀 노릇하게 지져
마무리.

닭고기 살에 매콤한 양념장과 채소를 넣고 볶았어요.
밥 위에 얹어 덮밥으로 먹어도 좋고 밥을 넣고
함께 볶아 먹어도 좋아요. 닭고기와 채소를
처음부터 함께 양념하면 물이 생기기 쉬우니
채소는 나중에 넣어 볶으면서 나머지 양념을 넣어 주세요.

닭고기매운채소볶음 맛있게 볶아

FOR
2

필수 재료 닭고기 넓적다리 살(2쪽=300g)
선택 재료 양파(½개), 깻잎(10장), 양배추(100g), 대파(1대) 밑간 청주(2), 다진 생강(0.4)
양념장 설탕(0.6)+고춧가루(1.7)+간장(2.8)+고추장(1.5)+물엿(1.5)+참기름(0.4)+다진 마늘(1)

01

10분간 재워
닭 냄새를
없애요.

닭고기 살은 적당히 썰어 밑간하고,

02

양배추는 길쭉하게 썰고, 깻잎은
적당히 썰고, 양파와 대파도 먹기 좋은
크기로 썰고,

03

양념장의 절반을 덜어 닭고기와 버무리고,

04

넓은 팬에 식용유(2)를 두르고 닭고기를
넣고 중간 불에서 타지 않게 익히고,

05

고기가 반쯤 익으면 채소와 나머지
양념장을 넣고 볶아 마무리.

PLUS RECIPE
남은 양념 볶음밥
필수 재료
밥(2공기), 송송 썬 김치(1컵), 김(1장),
참기름(0.3), 양념장(2큰술)
만들기
닭고기매운채소볶음을 한 팬에 김치와
밥, 양념장을 넣고 고루 볶다가 김을
부서 넣고, 참기름을 넣어 한 번 더 볶아
마무리.

얇게 썬 삼겹살을 데쳐 만든 샐러드예요.
미소를 이용한 소스 덕분에 고기 특유의 냄새가 나지 않고
한 끼 식사로도 든든하답니다.

샤브샤브샐러드 살랑살랑 흔들이

FOR
2

필수 재료 대패 삼겹살(2줌=100g), 양상추(2줌=100g)
선택 재료 모둠 채소(1줌=50g), 방울토마토(5개) 양념 된장(1), 생강(1쪽)
드레싱 미소된장(1)+설탕(1)+깨소금(0.3)+식초(2.8)+오렌지 주스(2.8)+올리브유(2.8)

01

채소는 깨끗이 씻어 찬물에 담갔다 건져
한입 크기로 찢고, 방울토마토는 반으로
가르고,

02

생강은 얇게 썰고, 삼겹살은 적당히 썰고,

03

물(3컵)을 넣고 끓여 된장, 생강을 넣고
삼겹살을 넣어 데치고,

04

여분의
기름기를
제거해요.

데친 삼겹살을 찬물에 식혀 건지고,

05

드레싱 재료를 넣고 혼합해 차게 두고,

06

샐러드와 삼겹살을 담고 미소 드레싱을
곁들여 마무리.

토마토를 이용해 이탈리아 스타일로
만든 드레싱이에요.
간단한 재료도 음식을 멋스럽게
만들어 주는 소스랍니다.

이탈리안드레싱과 달걀샐러드 소스가예술인

FOR
2

필수 재료 달걀(2개), 어린잎채소(1줌=100g), 양상추(1줌=100g)
드레싱 토마토(½개)+다진 피클(0.7)+다진 양파(1)+다진 마늘(0.2)+식초(1.7)+설탕(0.7)+소금(0.1)+
후춧가루(약간)+올리브유(4)

01

칼로 썰면 모양이
부스러지기 때문에
에그슬라이서로 썰거나
실을 사용해
잘라요.

물이 끓은 후
13-15분간
삶아 주세요.

02

03

토마토는 꼭지부분에
칼집을 넣어 끓는 물에
10초간 넣었다 찬물에
담그면 껍질을 쉽게
벗길 수 있어요.

달걀은 잠길 만큼 물을 붓고 완숙으로 삶아
식혀 얇게 썰고,

어린잎채소와 양상추는 찬물에 담가
두었다가 물기를 빼 적당히 뜯고,

토마토는 껍질을 벗겨 씨를 뺀 후
과육 부분만 굵게 다지고,

04

05

토마토와 나머지 재료를 섞어
드레싱를 만들어 차게 두고,

채소와 달걀을 담고 드레싱을 곁들여
마무리.

사계절
보약
김치와
저장반찬

늘 밥상에 오르는 배추김치. 김치는 모르면
가장 어려운 요리, 알고 나면 너무 쉬운 요리죠.
김치만 잘 담가도 반찬 걱정 절반은 없어지는 법.
제대로 김치 한번 만들어 볼까요?

배추김치 김치의 기본

FOR
2

필수 재료 배추 (1포기=2.5kg), 굵은 소금($\frac{1}{2}$컵), 고춧가루($\frac{3}{4}$컵) **소금물** 물(5컵)+굵은 소금($\frac{1}{2}$컵)
선택 재료 무($\frac{1}{2}$개=400g), 쪽파($\frac{1}{2}$줌=50g) **찹쌀풀** 물(1컵), 찹쌀가루(1)
양념 재료 멸치젓($\frac{1}{2}$컵), 새우젓($\frac{1}{2}$컵), 다진 마늘($\frac{1}{2}$컵), 설탕(1), 다진 생강(2)

01 배추는 8~10시간 절이고 3시간 동안 물기를 빼요.

꽁지쪽에 5cm 깊이로 칼집을 넣어 주세요.

배추는 반을 갈라 칼집을 넣어 소금물에 담갔다 건져 켜켜이 굵은 소금을 뿌려 절인 후 씻어 건져 물기를 빼고,

02 투명해질 때까지 끓이세요.

물(1컵)에 찹쌀가루(1)를 넣고 저어 가며 끓여 식혀 찹쌀풀을 만들고,

03

무는 채 썰고, 쪽파는 적당히 썰고,

04

무채에 고춧가루($\frac{3}{4}$컵)를 넣어 버무려 고르게 색을 내고,

05

양념 재료를 넣고 고루 버무린 후 쪽파와 찹쌀풀을 넣어 버무리고,

06 상온에서 1~2일 두었다가 냉장고에 넣어 드세요.

배추에 켜켜이 속을 넣고 겉껍질로 감싸 마무리.

알타리는 무도 맛있지만 무청도 별미죠.
넉넉한 양념에 버무려 익히면
깊은 맛에 밥 한 그릇은 순식간에 없어진답니다.

알타리김치 무청도 별미

FOR
2

필수 재료 알타리 무(1단=2.5kg)
찹쌀풀 물(1컵), 찹쌀가루(1) 양념 멸치액젓(1컵)
양념장 고춧가루(1컵)+설탕(2)+다진 마늘(3)+다진 생강(1)

01 무 부분을 아래로 놓고 먼저 절이고 뒤집으며 무청도 같이 절이세요.

1시간 정도 절이고 도중에 한 번 뒤집어 주세요.

02

03 액젓에 절이면 무의 맛이 더 좋고, 영양적 손실이 거의 없어요.

알타리 무는 깨끗이 씻어 물기를 뺀 뒤 반 갈라 멸치액젓(1컵)을 고르게 부어 절이고,

물(1컵)에 찹쌀가루(1)를 넣고 저어 가며 끓여 식혀 찹쌀풀을 만들고,

절인 알타리를 체에 밭쳐 멸치액젓을 거르고,

04

05

06 김치통에 꼭꼭 눌러 담아 하루나 이틀 상온에 두었다가 냉장고에 넣고 드세요.

멸치액젓에 양념장을 넣고 찹쌀풀을 넣어 섞고,

절인 알타리무에 양념장을 넣어 고르게 버무리고,

한 번 먹을 만큼씩 묶어 마무리.

배추겉절이 순식간에 만든

익은 배추김치가 질릴 때
아삭거리는 맛이 살아있는
겉절이를 만들어 보세요.
참기름을 살짝 넣어 버무려주면
감칠 맛이 살아나죠.

FOR
2

필수 재료 배추(⅛포기=300g), 굵은 소금(2), 참깨(0.3)
선택 재료 쪽파(2대)
양념장 고춧가루(4)+액젓(2.5)+찹쌀풀(2)+
　　　　설탕(0.5)+다진 마늘(1)+다진 생강(0.4)+
　　　　참깨(0.3)+참기름(0.4)

01 20~30분 정도 절이세요.

02

03 식성에 따라 참기름을 빼도 좋아요.

배추는 세로로 칼집을 넣고 길게 찢어
굵은 소금(2)에 살짝 절여 물기를 빼고,

쪽파는 적당히 썰고,

배추와 쪽파에 양념장을 넣어 고루
버무리고 참깨(0.3) 뿌려 마무리.

다양한 김치 중에서도 가장 쉬운 김치는
바로 깍두기에요. 무는 배추에 비해 절이는 시간도
짧은 데다가 양념도 정말 간단하답니다.

깍두기 이렇게 쉬울 수가

FOR
4

필수 재료 무($\frac{1}{2}$개=1kg), 굵은 소금(2), 고춧가루(4)
선택 재료 쪽파($\frac{1}{2}$줌)
양념 재료 설탕(1), 새우젓(3), 다진 마늘(1),
　　　　　다진 생강(0.5)

01

씻지 말고
체에 받쳐 물기만
제거하세요.

무는 먹기 좋게 깍둑 썰어 굵은 소금(2)에
30분간 절여 물기를 빼고,

02

쪽파는 적당히 썰고,

03

무에 고춧가루(4)를 넣고 고르게
색이 나게 버무리고,

04

양념 재료와 쪽파를 넣고 버무려 마무리.

여름에는 아삭아삭 씹히는 맛이 일품인
열무김치가 최고죠.
붉은 고추를 갈아서 넣어야
제 맛인 거 아시죠?

열무김치 여름철 별미

FOR
2

필수 재료 열무(1단=1.2kg) 선택 재료 청양고추(1개), 양파($\frac{1}{2}$개), 쪽파(3대)
밀가루풀 물(3컵), 밀가루(4) 소금물 물(3컵)+굵은 소금(1)
양념 붉은 고추(5개), 마늘(5쪽), 생강(1쪽), 액젓(4), 새우젓(1.5), 설탕(1.5), 고춧가루($\frac{1}{2}$ 컵)

01 밀가루풀 대신 찹쌀풀이나 쌀가루풀을 사용해도 좋아요.

물(3컵)에 밀가루(4)를 넣고 풀어 저어 가며 끓여 밀가루풀을 쑤어 식히고,

02 열무를 절인 소금물은 양념에 쓰이니 따로 두세요.

30분~1시간 정도 절여 주세요.

열무는 적당히 잘라 살살 가볍게 흔들어 씻은 후 소금물에 절여 헹궈 건지고,

03 청양고추는 어슷 썰고, 양파는 얇게 썰고, 쪽파는 적당한 길이로 썰고,

04 열무를 절였던 소금물을 넣어주세요.

믹서에 붉은 고추, 마늘, 생강에 소금물($\frac{1}{2}$ 컵)을 부어 갈고,

05 남은 소금물에 밀가루 풀과 액젓(4), 새우젓(1.5), 설탕(1.5), 고춧가루($\frac{1}{2}$ 컵)를 섞고,

06 상온에 반나절에서 하루 두었다가 냉장고에 넣고 드세요.

준비한 양념과 열무에 양파, 고추, 쪽파를 넣고 가볍게 버무려 마무리.

열무물김치가 맛있게 익으면 국물을 냉동실에 넣어
살짝 얼려 두세요. 소면을 삶아
열무물김치 국수를 만들어 먹으면 별미랍니다.

열무물김치 국물까지 먹어요

FOR 2

필수 재료 열무($\frac{1}{8}$단=200g), 무(1토막=100g), 굵은 소금(1)
선택 재료 풋고추(1개), 붉은 고추(1개), 양파($\frac{1}{4}$개), 쪽파(3대), 마늘(2쪽), 생강(1쪽)
밀가루풀 물(1컵), 밀가루(1) **양념** 물($1\frac{1}{2}$컵), 소금(1), 설탕(1), 고춧가루(1)

01

열무는 깨끗이 씻어 먹기 좋게 썰고,
무는 길쭉하게 납작 썰고,

02

20분간
절여 주세요.

열무와 무에 굵은 소금(1)을 고르게 뿌려
살짝 절여 물기를 빼고,

03

물(3컵)에 밀가루(1)를 넣고 풀어 저어 가며
끓여 밀가루풀을 쑤어 식히고,

04

고추는 송송 썰고, 양파는 얇게 썰고,
쪽파는 적당히 썰고, 마늘, 생강은
얇게 썰고,

05

물($1\frac{1}{2}$컵)에 소금(1), 설탕(1),
고춧가루(1)를 섞어 밀가루풀(3컵)을
조금씩 넣어 가며 섞고,

06

상온에
반나절에서
하루정도 두었다가
냉장고에
넣어요.

절인 열무에 고추, 양파, 쪽파와 마늘,
생강을 넣고 준비한 양념을 넣어 마무리.

알타리로 동치미를 만들면 알타리의
무청 때문에 국물이 훨씬 더 시원해진답니다.
물론 잘라 먹기도 좋고요.

알타리동치미 시원함이 동치미의 두배

FOR 2

필수 재료 알타리 무(10개), 물($\frac{1}{2}$컵), 굵은 소금($\frac{1}{4}$컵)
선택 재료 쪽파(5대), 마늘(3쪽), 생강(1쪽), 삭힌 고추(5개)
국물 물(12컵)+굵은 소금(3)+설탕(3)

01 1시간 정도 절이고 도중에 한번 뒤집어 주세요.

알타리 무는 깨끗이 씻어 물기를 뺀 뒤 물($\frac{1}{2}$컵)에 굵은 굵은 소금($\frac{1}{4}$컵)을 녹여 부어 절이고,

02 처음부터 파를 넣어 절이면 너무 숨이 죽어요.

알타리를 뒤집어 줄 때 쪽파도 한쪽 옆에 놓고 함께 절이고,

03

마늘과 생강은 얇게 썰고,

04

절여진 알타리와 쪽파의 물기를 빼고,

05

알타리 두 개에 쪽파와 삭힌 고추를 넣고 함께 묶고,

06

마늘과 생강을 넣고, 국물을 만들어 부어 마무리.

보통 오이소박이를 만들 때 열십자 모양으로
칼집을 넣지만 전 위로 한 번 아래로 한 번씩 넣어요.
가르기도 쉽고 맛도 잘 배거든요.

오이소박이 앞뒤로 칼집 넣은

FOR 2

필수재료 오이(3개), 부추(½줌=50g), 물(4)
소금물 물(3컵)+소금(3)
양념장 고춧가루(2)+다진 파(2)+다진 마늘(1)+다진 생강(0.4)+다진 새우젓(1)+설탕(약간)+물(2)

01
오이는 등분해 위로 한 번, 아래로 한 번
칼집을 넣고,

02
오이를 소금물에 2시간 정도 절여
물기를 꼭 짜고,

03
부추는 송송 썰고,

04
양념과 혼합해 두면 잠시 후 부추가 촉촉해 져요.

양념장에 부추를 넣어 섞어 소를 만들고,

05
겉면에 양념을 고루 바른 뒤 오이의
칼집 속에 양쪽으로 소를 넣고,

06
오이소박이는 너무 익혀 먹으면 물러지고 맛이 없어요. 조금씩 만들어서 일주일 안에 드세요.

양념이 남겨진 그릇에 물(4)과
소금(약간)을 넣고 섞은 뒤 오이소박이에
부어 마무리.

213

오이의 씨 부분을 도려내고 무를 채워 넣어
시원하게 만든 오이 물김치예요.
한입 크기로 잘라내면 모두 예쁘다고 감탄을 하죠.

오이물김치 예쁘게 속 넣은

FOR
2

필수 재료 오이(2개), 소금(1.5), 무(1토막=100g)
선택 재료 쪽파(3대), 붉은 고추(1개)
양념 액젓(1.4), 다진 마늘(0.5), 다진 생강(0.2), 설탕(0.3) 국물 물(1컵)+소금(0.3)

01

사과씨를 빼는 도구나 굵은 나무 젓가락으로 밀어서 구멍을 내세요.

오이는 씻어 4등분해서 중앙의 씨 부분을 도려내 물(3컵), 소금(2)을 넣어 절이고,

02

무는 짧게 채 썰어 액젓(1.4)에 숨이 죽을 때까지 절이고,

03

붉은 고추는 짧게 채 썰고, 쪽파도 짧게 썰고,

04

무에 쪽파, 붉은 고추, 다진 마늘(0.5), 다진 생강(0.2), 설탕(0.3)을 넣어 섞고,

05

한쪽 구멍을 손바닥으로 막고 꼭꼭 눌러 담아야 속이 빠지지 않아요.

절인 오이 구멍 속에 소를 채우고,

06

상온에 하루 두었다가 냉장고에 넣고 드세요.

그릇에 담아 국물을 부어 마무리.

가끔은 새로운 김치가 먹고 싶을 때가 있잖아요.
배추김치 외에도 다른 김치가 먹고 싶을 때
전 파김치를 담곤해요. 마음만 먹으면
바로 뚝딱 만들 수 있으니까요.

파김치 밥 위에 척척 얹어

FOR
2

필수 재료 쪽파(1단=500g), 멸치액젓($\frac{1}{2}$컵), 고춧가루($\frac{1}{2}$컵)
찹쌀풀 물($\frac{2}{3}$컵), 찹쌀가루(1)
양념장 설탕(1.5)+다진 마늘(2)+다진 생강(0.5)

01

물($\frac{2}{3}$컵)에 찹쌀가루(1)를 풀어 저어가며
끓여 찹쌀풀을 만들어 식히고,

02

쪽파는 가지런히 깨끗이 씻어
멸치액젓($\frac{1}{2}$컵)을 부어 절이고,

03

절인 쪽파를 건지고 남은 액젓에
고춧가루($\frac{1}{2}$컵)를 넣어 불리고,

04

양념장을 넣고 혼합한 후 찹쌀풀도 넣어
고르게 섞고,

05

뿌리쪽에서
잎쪽으로 바르듯이
묻혀 주세요.

파에 양념을 고르게 묻히고,

06

한 번 먹을 양만큼 묶어 마무리.

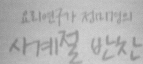

SSG
정미경의
사계절
반찬의
베스트 메뉴
15

아삭이고추무침 순식간에 뚝딱

아삭아삭 소리까지 맛있는
아삭이고추를 맛깔난
된장 양념으로 무쳐내기만 하세요.
그야말로 순식간에 맛있는
반찬 하나가 뚝딱 만들어져요.

FOR 2

필수 재료 아삭이 고추(5개)
양념장 맛술(1.5)+다진 파(1)+다진 마늘(0.3)+된장(4)+
고추장(0.5)+올리고당(2)+참깨(0.2)

01
20~30분 정도
절이세요.

아삭이고추는 먹기 좋게 한입 크기로
자르고,

02

양념장을 고루 섞고,

03
식성에 따라
참기름을 빼도
좋아요.

먹기 직전에 고루 버무려 마무리.

오이소박이가 먹고 싶지만 요리할 엄두는 안 난다고요?
간편하게 겉절이를 만들어 보세요. 오이를 열십자로 썰어
뚝뚝 토막 쳐 살짝 절이기만 하면 돼요. 바로 양념에
버무리면 오이소박이 부럽지 않답니다.

01

씻지 말고
채에 받쳐 물기만
제거하세요.

오이는 소금으로 문질러 씻어 세로로
열십자(+)로 썬 뒤 한입 크기로 자르고,
소금(1)을 뿌려 10분간 절이고,

오이부추겉절이 후다닥 별미 김치

FOR 4	필수 재료 오이(3개), 부추(1줌, 100g)
	양념 소금(1)
	양념장 설탕(0.3)+고춧가루(2)+액젓(1.5)+
	다진 마늘(1)+다진 생강(0.2)

02

부추도 오이와 같은 길이로 자르고,

03

절인 오이의 물기를 뺀 뒤 양념장을 넣고
고루 버무리고,

04

부추를 넣고 한 번 더 버무려 마무리.

마늘종고추장무침 ^{매콤한}

제철 마늘종을 살짝 데쳐
양념에 무치면 완성!
알싸하고 부드러운 맛이
없던 입맛도 살려줄 거예요.

FOR
2

필수 재료 마늘종 (500g)
양념장 고춧가루(2)+액젓(1.5)+다진 마늘(0.3)+
　　　　다진 생강(0.1)+고추장(3)+올리고당(1.5)+
　　　　참깨(0.3)

01
마늘종은 4~5cm 길이의 한입 크기로
자르고,

02
끓는 물에 소금을 넣고 마늘종을 넣어
파랗게 데쳐 물기를 빼고,

03
양념장에 고루 버무려 마무리.

222

청담동 단골반찬
SSG 사계절 반찬의 인기 베스트 15

받을 자마다 먹어도, 며칠을 두고 먹어도 맛있어요. 뜨겁게 끓인 절임장을 부어 만드는 장아찌에 비해 깻잎의 향긋함을 훨씬 생생하게 즐길 수 있답니다. 맨 밥 위에 얹어 먹어도 좋고, 구운 고기를 싸 먹으면 정말 꿀맛이에요.

씻지 말고 채에 받쳐 물기만 제거하세요.

깻잎은 깨끗이 씻어 물기를 빼고,

쌩깻잎겉절이 향이 살아 있어요

FOR 4

필수 재료 깻잎(30장), 밤(2개), 붉은 고추(½개)
양념장 설탕(1)+고춧가루(3)+간장(4.5)+청주(3)+
액젓(0.5)+다진 파(1)+다진 마늘(0.3)+
올리고당(1)

밤은 곱게 채 썰고 붉은 고추도
길게 반 갈라 씨를 빼고 잘게 채 썰고,

양념장에 밤과 고추를 넣고 섞고,

깻잎을 두 장씩 겹쳐가며 양념장을
고루 펴 발라 재워 마무리.

잔칫상에서나 만날 수 있는 고급요리라고 생각했다면
생각보다 쉽게 만들 수 있으니 걱정 마세요. 해파리를 냄새 없이
손질하기만 하면 나머지는 쉽죠. 오돌오돌 씹히는
해파리와 매콤 상큼한 겨자 양념의 환상궁합을 느껴보세요.

해파리냉채 부담 없이 만들어 봐요

FOR 2

필수 재료 해파리(300g), 청오이(10cm), 배(⅓개)

선택 재료 붉은 색, 노란색, 주황색 파프리카(각 ⅓개씩) 해파리 밑 양념 설탕(3), 식초(4.5)

양념장 설탕(2)+식초(3)+소금(0.5)+발효겨자(1)+참기름(0.5)+다진 마늘(0.5)

01

해파리는 냄새가 나지 않을 때까지 물에
여러 번 씻어 물기를 꼭 짠 뒤 설탕(3)과
식초(4.5)에 버무려 하룻밤 두고,

02

청오이는 5cm 길이로 등분해 껍질부터
돌려 깎기 한 뒤 채 썰고,

03

배, 파프리카도 같은 길이로 채 썰고,

04

해파리에 양념장을 넣고 꼭꼭 주물러
버무리고,

05

오이와 파프리카를 넣고 고루 버무리고,

06

배를 넣고 가볍게 섞어 마무리.

압도적으로 먹음직스러운 비주얼에 한 번, 살짝 절여 탄력 있는
더덕의 향과 식감에 두 번, 입맛 당기는 양념장의 맛에 세 번 놀라는 메뉴랍니다.
두드려 찢는 방식이 아니라 껍질만 벗겨 그대로 세로로 갈라 만들었더니
향도 그래도 보존되고 아삭거리는 식감까지 살아나네요.

통더덕무침

시선을 사로잡는 반찬 가게 베스트 메뉴

필수 재료 더덕(300g), 소금(0.3), 쪽파(1대), 참깨(0.2)
양념장 설탕(1)+고운 고춧가루(1)+고춧가루(2)+액젓(2)+다진 마늘(0.5)+
다진 생강(0.2)+고추장(2)+올리고당(1)

01

더덕은 껍질을 벗기고 크기에 따라
세로로 2~3쪽으로 갈라 소금(0.3)에
10분간 절이고,

02

쪽파는 송송 썰고,

03

키친타월로 더덕의 물기를 닦아내고
양념장에 고루 버무리고,

04

그릇에 담고 쪽파와 참깨를 뿌려 마무리.

부드럽게 삶은 시래기와 된장, 들기름, 들깻가루까지.
이렇게 구수한 재료로만 만들었으니 어찌 맛이 없겠어요.
속 편하고 건강한 반찬이에요.

시래기나물 부드럽게 구수하게

FOR
2

필수 재료 삶은 시래기(200g), 대파(10cm)
양념 들기름(2), 멸치다시마육수(1컵), 국간장(1.5), 다진 마늘(0.3), 들깻가루(3)

삶은 시래기는 겉의 질긴 섬유질을
벗겨낸 뒤 먹기 좋게 등분하고,

대파는 어슷 썰고,

팬에 들기름(2)을 두르고 삶은 시래기를
볶고,

멸치다시마육수(1컵)를 넣고
국간장(1.5)으로 간을 한 뒤 중약불로
끓이고,

시래기가 부드럽게 익으면
다진 마늘(0.3)과 들깻가루(3)를 넣고
뒤적인 뒤 대파를 넣고 살짝 볶아 마무리.

양념게장에는 암게보다 살이 꽉 들어찬 수게가 제격이에요.
깨끗이 씻어 물기를 잘 뺀 뒤 무쳐야 더 맛있답니다.

양념게장 양념까지 쪽쪽 빨아 먹어요

FOR
2

필수 재료 냉동 절단 꽃게(500g), 양파(½개)
선택 재료 풋고추(1개), 붉은 고추(1개)
양념장 재료 간장(6), 설탕(1), 고운 고춧가루(⅓ 컵), 액젓(1.5), 소주(3), 다진 마늘(1), 물엿(5), 생강(0.3)

01

게는 깨끗이 씻어 다리 끝 부분을 자른 뒤
물기를 빼고, 양파는 굵게 썰어
게와 함께 간장(6)에 절이고,

02

게에 간장 색이 들면 간장을 따라내어
끓여 식힌 뒤 나머지 양념을 모두 넣고
섞어 양념장을 만들고,

03

고추는 어슷 썰고,

04

양념에 게와 고추를 넣고 버무려 마무리.

원조 밥도둑이지만 너무 짜면 먹기 부담스럽죠.
적당히 간간하게 짠 맛으로 입맛 살려주는 간장게장이
여기 있어요. 재철일 때 한꺼번에 만들어 냉동시켜 두고
먹으면 좋아요. 암게에 알이 꽉 차는 봄에 꼭 만들어 보세요.

간장게장 원조 밥도둑

FOR
2

필수 재료 마늘(3쪽), 생강(1쪽), 암 꽃게(5마리)

선택 재료 다시마(5x5cm, 2장), 가다랑어포($\frac{1}{2}$줌), 풋고추(1개), 붉은 고추(1개)

양념장 설탕(4)+진간장(4컵)+소주($\frac{1}{4}$컵)

01

다시마에 찬물(8$\frac{1}{2}$컵)을 넣고 끓이다
물이 끓어오르면 다시마를 건진 뒤 불을
끄고, 가다랑어포를 넣어 5분간 우린 뒤
건져 육수를 만들고,

02

마늘과 생강은 납작 썰고,
고추는 어슷 썰어 씨를 빼두고,

03

양념장과 육수(8컵), 마늘, 생강을
냄비에 넣고 끓여 식히고,

04

꽃게는 솔로 구석구석을 닦은 뒤 보관통에
큰 껍데기가 아래로 가도록 담고,
식힌 양념장을 부어 냉장고에 3일 정도
숙성시켜 마무리.

PLUS TIP
간장게장 보관 및 상차림 요령
상에 올릴 때는 뚜껑을 벌려
내장이 떨어지지 않게 떼어낸 뒤
안쪽의 모래집을 제거하고,
몸통에 있는 아가미와 위에 붙은 딱지도
제거한 뒤 반으로 나누어 국물과 함께 담아내요.
더 오래 두고 먹고 싶은 경우
3일 뒤 국물과 게로 분리해
냉동보관하세요.

닭볶음탕 하나만 있어도 식탁이 모자람 없이 꽉 차죠.
포동포동 탱탱한 닭살만큼 맛이 꽉 찬 요리랍니다.
남은 국물에 밥을 볶아 마지막
한 숟가락까지 맛있게 즐겨 보세요.

닭매운볶음탕 탱탱하게 맛이 꽉 찬

FOR
2

필수 재료 닭(1마리), 감자(1개, 200g), 당근($\frac{1}{2}$=100g), 양파(1개), 대파(20cm)
양념장 설탕(1)+고춧가루(2)+청주(3)+간장(3)+다진 마늘(1)+
다진 생강(0.3)+고추장(4)+참기름(0.5)+후춧가루(약간)

기름기와 냄새를
제거하는
과정이에요.

닭은 토막 낸 것으로 준비해 끓는 물에
넣고 반 쯤 삶아 건지고,

살이 두꺼운 부분에 칼집을 넣고,

감자와 당근은 큼직하게 썰어 모서리를
부드럽게 돌려 깎고,

양파도 감자와 크기와 비슷한 크기로
자르고, 대파는 어슷 썰고,

감자, 당근, 닭고기를 냄비에 넣고 $\frac{2}{3}$ 정도
잠길만큼 물을 붓고 양념장을 넣어 끓이고,

감자가 거의 익으면 양파를 넣고
투명해지면 대파를 넣고 한 번 더
팔팔 끓여 마무리.

밥상에 올리면 언제나 환영받는 말이 필요 없는
인기 반찬이에요. 채소대신 김치를 넣고 볶아도
맛있고 오징어를 넣고 볶아도 맛있어요.

제육볶음 매콤한 게 당길 때는

FOR
2

필수 재료 돼지고기(목살 또는 앞다리살, 300g), 대파(15cm)
선택 재료 양파($\frac{1}{2}$개), 양배추(2장), 당근($\frac{1}{2}$개=50g)
양념장 설탕(1)+간장(1.5)+고춧가루(1)+고추장(3)+다진 마늘(0.5)+다진 생강(0.3)+참기름(0.3)+후춧가루(약간)

01

돼지고기는 얇게 썬 불고기감으로 준비해
먹기 좋은 크기로 등분하고,

02

양파는 5mm 폭으로 채 썰고,
양배추와 당근은 길쭉하게 납작 썰고,
대파는 어슷 썰고,

03

양념장을 고루 섞어 돼지고기를 먼저
버무리고 채소를 넣고 한 번 더 버무리고,

04

팬을 중간 불로 달궈 식용유를 두르고
양념한 재료를 넣고 익을 때까지 볶아
마무리.

살이 달달하고 부드러운 갈치는
남녀노소 누구나 좋아하는 생선이에요.
매콤하고 부드러운 무와 함께 조리면
조화로운 맛이 그야말로 환상의 궁합이에요.

갈치조림 살살 녹아요

FOR
2

필수 재료 무(300g), 갈치(1마리)
선택 재료 풋고추(1개), 대파(15cm) 갈치 밑간 소금(0.3)
양념장 간장(3)+고춧가루(2)+설탕(0.6)+다진 마늘(0.6)+다진 생강(0.3)+고추장(1.5)+청주(2)+후춧가루+물(½컵)

01

무는 네모난 모양으로 큼직하게 썰고,
풋고추와 대파는 어슷 썰고,

02

내장을 빼낼 땐 배가
갈라지지 않게 주의해요.
갈치 비늘은 소화가
잘 되지 않아요.

갈치는 머리를 잘라 내장을 빼내고
칼날 쪽으로 살살 비늘을 긁은 뒤
지느러미를 자르고, 지저분한 것을
씻어내고 토막쳐 소금에 살짝 절이고,

03

냄비에 무를 넣고 물(2컵)을 부어
반 정도 익히고,

04

양념장을 섞고,

05

냄비에 무를 넣고 갈치를 얹은 뒤
양념장과 고추, 대파를 넣어 익을 때까지
국물을 끼얹어 가며 조려 마무리.

고추장멸치볶음 손쉬운 건강반찬

엄마가 가족들에게 꼭 먹이고
싶어하는 반찬 1위! 건강한 밑반찬의
대명사 멸치볶음이에요. 누룽지나
밥을 국에 말아 얹어 먹으면
고소함이 배로 느껴져요.

FOR
2

필수 재료 작은멸치(1컵)
양념장 청주(2)+고운 고춧가루(0.3)+고추장(0.5)
양념 다진 마늘(0.5), 올리고당(1), 참깨(0.3),
참기름(0.3)

중약 불로 달군 팬에 식용유를 두르고
다진 마늘(0.5)을 넣고 보글거리면
멸치를 넣고 고소하게 3분간 볶고,

양념장을 넣고 고루 볶고,

팬에서 덩어리지지
않게 넓게 풀어해쳐
식힌 뒤 보관통에
담아요.

올리고당(1), 참깨(0.3), 참기름(0.3)을
넣고 휘둘러 섞어 불을 꺼 마무리.

바삭하고 노릇하게 구우면 자꾸자꾸 손이 가는 반찬이에요.
쉽게 탈 수 있어 불 조절이 중요하답니다.

01

뱅어포는 반으로 자르고,

뱅어포구이 김구이만큼 쉬운

FOR
4

필수 재료 뱅어포(5장)
양념장 고추장(2)+물엿(2)+간장(0.2)+
　　　　다진 마늘(0.3)+참기름(0.3)
양념 참깨(1)

02

팬을 중약 불로 달궈 식용유를
넉넉히 두르고 뱅어포를 한 장씩 올려
바삭하게 굽고,

03

구운 뱅어포는 적당히 식혀 양념장을
솔로 조금씩 고루 바른 뒤 참깨를
조금씩 뿌려주고,

04

먹기 좋은 크기로 잘라 마무리.

사계절반찬에서 정말 많은 인기를 얻고 있는 메뉴예요.
건고추의 매콤한 향과 간장의 짭쪼롬한
조합이 감탄사가 나올 만큼 맛있어요.

코다리조림 매콤하고 짭짤하게

FOR 2

필수 재료 코다리(2마리)
선택 재료 건고추(2개), 마늘(2쪽)
양념장 설탕(1)+맛술(3)+간장(6)+올리고당(2)+다진 생강(0.3)+후춧가루(약간)

01

코다리는 지느러미를 정리하고 깨끗이
씻어 크기에 따라 3~4등분하고,

02

양파는 1cm 폭으로 채 썰고
마늘은 납작 썰고 대파는 어슷 썰고,
건고추는 가위로 자르고,

03

팬에 식용유를 두르고 건고추를 넣고
볶아 향을 내고,

04

코다리를 넣고 볶다가 양파와 양념장을
고루 끼얹어 조리고,

05

코다리가 익으면 마늘, 대파를 넣고
한 번 더 팔팔 끓여 마무리.

Index

계량 스푼을 사용하는 게 더 편하고
익숙한 분들을 위해 재료 분량을
다시 한 번 정리했어요.

Part1.
사계절 내내 맛있는 집밥 이야기
알아두면 좋은 양념장 공식

고기 양념장 : 간장(2큰술), 설탕(1큰술), 다진 파(0.5큰술), 다진 마늘(1작은술), 깨소금(0.5작은술), 참기름(1작은술), 후 춧가루(약간)

- - - - - - - - - - - - - - - - - - - -

생선구이 양념장 : 간장(2큰술), 술(2큰술), 설탕(1.5큰술), 다진 생강(2큰술)

- - - - - - - - - - - - - - - - - - - -

비빔 양념장 : 간장(2큰술), 설탕(1큰술), 고춧가루(1큰술), 다진 파(1큰술), 다진 마늘(0.5큰술), 깨소금(0.5작은술), 참기름(1작은술)

- - - - - - - - - - - - - - - - - - - -

매운 조림 양념장 : 고춧가루(5큰술), 고추장(1큰술), 간장(1큰술), 설탕(0.5큰술), 다진 파(1큰술), 다진 마늘(1큰술), 다진 생강(0.5작은술), 깨소금(0.5작은술), 참기름(1작은술)

- - - - - - - - - - - - - - - - - - - -

구이 양념장 : 고추장(3큰술), 고춧가루(1큰술), 간장(2작은술), 설탕(1큰술), 다진 파(1큰술), 다진 마늘(0.5큰술), 깨소금(0.5작은술), 참기름(1작은술)

- - - - - - - - - - - - - - - - - - - -

생선조림 양념장 : 고추장(2큰술), 간장(2큰술), 고춧가루(1큰술), 설탕(1큰술), 다진 파(1큰술), 다진 마늘(1큰술), 다진 생강(0.5작은술)

- - - - - - - - - - - - - - - - - - - -

오리엔탈 드레싱 : 간장(1큰술), 식용유(2큰술), 식초(1큰술), 설탕(1큰술), 깨소금(1큰술), 참기름(1작은술)

초고추장 양념장 : 고추장(3큰술), 식초(1큰술), 설탕(1큰술), 간장(2작은술), 다진 파(1작은술), 다진 마늘(0.5큰술), 연겨자(1작은술)

- - - - - - - - - - - - - - - - - - - -

겉절이 양념장 : 고춧가루(3큰술), 액젓(2큰술), 찹쌀풀(3큰술), 설탕(1큰술), 다진 마늘(0.5큰술)

Part2.
열두 달 식탁 위의 단골 밑반찬

〈향긋한 봄〉

달래생무침
2인분
필수 재료: 달래(1줌=80g)
양념장: 설탕(1작은술)+고춧가루(1작은술)+식초(0.5작은술)+간장(0.5작은술)+깨소금(0.5작은술)

- - - - - - - - - - - - - - - - - - - -

참나물생채
2인분
필수 재료: 참나물(1줌=50g)
양념장: 설탕(0.5큰술)+소금(0.5작은술)+고춧가루(0.3작은술)+식초(1.5큰술)+참기름(1큰술)+깨소금(1작은술)

- - - - - - - - - - - - - - - - - - - -

마늘종건새우볶음
2인분
필수 재료: 마늘종(1줌=100g), 마른 새우(1줌)
양념장: 설탕(0.5큰술)+청주(1작은술)+간장(1작은술)+참깨(0.5작은술)+참기름(0.5작은술)

- - - - - - - - - - - - - - - - - - - -

마늘종멸치볶음
2인분
필수 재료: 마늘종(½ 줌=100g), 소금(1작은술), 잔멸치(½ 줌=20g)
양념: 소금(약간)
양념장: 설탕(1큰술)+고춧가루(1작은술)+간장(1작은술)+다진 마늘(1작은술)+참깨(0.5작은술)+참기름(1큰술)+후춧가루(약간)

- - - - - - - - - - - - - - - - - - - -

느타리버섯초회
2인분
필수 재료: 느타리버섯(1줌=150g)
선택 재료: 미나리(½ 줌=30g)
양념장: 설탕(1작은술)+고운 고춧가루(1작은술)+식초(1.5큰술)+다진 파(1작은술)+다진 마늘(0.5작은술)+물엿(0.5큰술)+고추장(1.5큰술)+연겨자(0.5작은술)+깨소금(0.5작은술)

- - - - - - - - - - - - - - - - - - - -

더덕새송이고추장양념구이
2인분
필수 재료: 더덕(4개=60g), 새송이버섯(2개)
밑간: 참기름(2작은술)+간장(1작은술)
양념장: 설탕(1큰술)+간장(1큰술)+다진 파(0.5큰술)+다진 마늘(1작은술)+고추장(2큰술)+깨소금(0.5작은술)+참기름(1큰술)

- - - - - - - - - - - - - - - - - - - -

두부참깨드레싱과 더덕샐러드
2인분
필수 재료: 더덕(2뿌리), 참나물(½ 줌=30g)
선택 재료: 미나리(3줄기), 방울토마토(5개), 잣(1작은술)
소스: 설탕(2작은술)+소금(약간)+깨소금(0.5작은술)+식초(1큰술)+마요네즈(2큰술)+으깬 연두부(3큰술)

미니달래감자전
2인분
필수 재료: 달래(½줌=50g), 감자(1개), 부침가루(½컵), 물(2큰술)
선택 재료: 양파(¼개), 붉은 고추(1개)
양념: 소금(약간)
초간장: 간장(1큰술)+식초(1작은술)

〈상큼한 여름〉

오이생채
2인분
필수 재료: 오이(1개)
양념: 소금(0.5작은술), 고춧가루(1작은술)
양념장: 설탕(1작은술)+식초(1작은술)+다진 파(0.5작은술)+다진 마늘(0.3작은술)+깨소금(0.3작은술)

깻잎상추들깨소스겉절이
2인분
필수 재료: 깻잎(10장), 상추(5장)
소스: 들깻가루(1큰술)+설탕(1큰술)+식초(1큰술)+식용유(1큰술)+소금(0.3작은술)

깻잎멸치된장찜
2인분
필수 재료: 국물용 멸치(6~8마리), 청양고추(1개), 깻잎(3묶음=36장)
양념: 된장(1큰술)+다진 마늘(1작은술)+참기름(1작은술)+물(3.5큰술)

오이지무침
2인분
필수 재료: 오이지(2개)
선택 재료: 쪽파(1대)
양념장: 설탕(1작은술)+고춧가루(1큰술)+식초(1큰술)+다진 마늘(1작은술)+참기름(1작은술)+깨소금(0.7작은술)

부추양파겉절이
2인분
필수 재료: 부추(1줌=100g), 양파(½개)
양념장: 고춧가루(1큰술)+간장(0.5큰술)+액젓(0.5큰술)+물엿(2작은술)+참기름(0.5큰술)+깨소금(1작은술)

오이나물
2인분
필수 재료: 오이(1개)
양념: 소금(1작은술), 다진 마늘(0.5작은술), 깨소금(0.5작은술)

시금치양파겉절이
2인분
필수 재료: 시금치(10줄기=100g), 양파(⅓개)
양념장: 설탕(0.5작은술)+고춧가루(1큰술)+멸치액젓(2작은술)+다진 마늘(1작은술)

애호박새우젓볶음
2인분
필수 재료: 애호박(½개)
선택 재료: 붉은 고추(⅓개)
양념장: 새우젓(0.5작은술)+다진 파(0.5큰술)+다진 마늘(1작은술)+깨소금(0.5작은술)+참기름(1작은술)+후춧가루(약간)

도라지생채
2인분
필수 재료: 도라지(1줌=100g), 소금(0.5큰술)
양념장: 설탕(0.5작은술)+고춧가루(0.5작은술)+식초(1작은술)+다진 파(1작은술)+다진 마늘(0.5작은술)+고추장(1큰술)+깨소금(약간)

도라지나물
2인분
필수 재료: 도라지(1줌=150g), 소금(0.5큰술)
선택 재료: 쇠고기 육수(또는 물½컵)
양념장: 다진 파(1작은술)+다진 마늘(0.5작은술)+깨소금(약간)+참기름(0.5작은술)

구운가지무침
2인분
필수 재료: 가지(1개)
양념장: 고춧가루(1작은술)+간장(0.5큰술)+물엿(0.5작은술)+다진 파(1작은술)+다진 마늘(0.5작은술)+참기름(1작은술)+깨소금(0.5작은술)+후춧가루(약간)

달걀부추볶음
2인분
필수 재료: 달걀(2개), 부추(½줌=50g)
선택 재료: 양파(¼개)
양념: 소금(0.5작은술), 참기름(1작은술), 후춧가루(약간)

깻잎찜
2인분
필수 재료: 깻잎(40~50장=5묶음)
양념장: 설탕(0.5작은술)+고춧가루(0.5큰술)+간장(1.7큰술)+다시마물(2큰술)+다진 파(0.5큰술)+다진 마늘(1작은술)+물엿(1큰술)+참기름(1작은술)+참깨(약간)

부추장떡
2인분
필수 재료: 부침가루(½컵), 물(½컵), 부추(½컵=50g)
양념: 된장(1큰술), 고추장(1큰술)

오이피클
2인분
필수 재료: 다다기 오이(2개)
선택 재료: 셀러리(1대), 양파(¼개), 통후추(3알), 피클 스파이스(1작은술)
양념장: 설탕(1컵)+소금(2작은술)+물(1컵)+식초(1컵)

다시마튀각
2인분
필수 재료: 다시마(1장), 튀김기름(1컵)
양념: 설탕(3큰술)

양파고추장아찌
2인분
필수 재료: 양파(1개), 청양고추(4개)
양념: 사이다(½컵), 식초(½컵), 간장(½컵), 설탕(1큰술)

돼지고기꽈리고추장조림
2인분
필수 재료: 돼지고기(3덩어리=300g), 꽈리고추(5개), 생강(1쪽)
선택 재료: 마른 고추(1개), 마늘(3쪽)
양념장: 청주(3큰술), 간장(8큰술), 설탕

(1.5큰술)

가지돼지고기굴소스볶음
2인분
필수 재료: 돼지고기 간 것(1줌=100g), 가지(2개), 대파(½대)
밑간: 간장(1작은술)+청주(1작은술)+다진 생강(1작은술)+후춧가루(약간)
양념장: 설탕(1큰술)+청주(1큰술)+간장(0.5큰술)+굴소스(2큰술)+다진 마늘(1작은술)+참기름(1작은술)+후춧가루(약간)+물(4.5큰술)

애호박쇠고기볶음
2인분
필수 재료: 불고기용 쇠고기(2줌=200g), 애호박(½개), 소금(약간)
양념: 소금(0.5작은술), 참기름(0.5작은술), 참깨(0.5작은술), 후춧가루(약간)
밑간: 설탕(1작은술)+고춧가루(0.5작은술)+간장(2작은술)+다진 파(1작은술)+다진 마늘(0.5작은술)+참기름(0.5작은술)

가지돼지고기매운볶음
2인분
필수 재료: 가지(1개), 다진 돼지고기(2=30g)
선택 재료: 풋고추(1개), 대파(½대), 마늘(1쪽), 생강(1쪽)
양념: 참기름(1작은술) 참깨(0.5작은술)
밑간: 청주(1작은술), 간장(1작은술), 후춧가루(약간)
양념장: 설탕(0.5큰술)+청주(1큰술)+간장(1큰술)+고추장(1큰술)

애호박전
2인분
필수 재료: 애호박(1개), 달걀(2개), 밀가루(½컵)
초간장: 간장(1큰술)+식초(1작은술)

깻잎참치전
2인분
필수 재료: 깻잎(8장), 통조림 참치(½캔), 달걀(2개), 밀가루(½컵)
선택 재료: 양파(⅙개)
양념: 다진 파(0.7큰술)+다진 마늘(1작은술)+후춧가루(약간)

영양부추검은깨전
2인분
필수 재료: 영양부추(1줌=60g), 부침가루(½컵), 찹쌀가루(1큰술), 물(½컵), 검은깨(1큰술)
양념장: 간장(1큰술)+고춧가루(1작은술)+다진 파(1작은술)+다진 마늘(0.5작은술)+참기름(1작은술)

〈풍성한 가을〉

알감자조림
2인분
필수 재료: 알감자(300g, 12개 정도)
양념장: 간장(2큰술)+설탕(1큰술)+고춧가루(1작은술)+다진 파(0.5큰술)+다진 마늘(1작은술)+깨소금(0.5작은술)+참기름(0.5작은술)+후춧가루(약간)

쪽파강회
2인분
필수 재료: 쪽파(10대)
초고추장: 고추장(1큰술)+식초(1큰술)+물엿(1큰술)

감자굵은멸치조림
2인분
필수 재료: 감자(1개), 굵은 멸치(5마리)
선택 재료: 청양고추(2개)
양념장: 설탕(0.5큰술)+고춧가루(1작은술)+청주(1큰술)+간장(1큰술)+다진 파(0.5큰술)+다진 마늘(1작은술)+참기름(0.5작은술)+후춧가루(약간)

오징어브로콜리초회
2인분
필수 재료: 오징어(1마리), 브로콜리(1개)
초고추장: 설탕(1큰술)+식초(4큰술)+고추장(1.5큰술)+물엿(1큰술)

잔멸치아몬드볶음
2인분
필수 재료: 잔멸치(1컵), 아몬드 슬라이스(½컵)
선택 재료: 풋고추(1개), 붉은고추(½개)
양념: 다진 마늘(1작은술), 물엿(1큰술)
양념장: 설탕(1큰술)+맛술(1.3큰술)+간장

(1작은술)+참기름(1큰술)+참깨(1작은술)

검은콩자반
2인분
필수 재료: 검은콩(1컵), 물(⅔컵), 참깨(1작은술)
양념장: 간장(5큰술)+설탕(1큰술)+물엿(3큰술)

호두땅콩조림
2인분
필수 재료: 생땅콩(1컵), 호두(½컵)
양념: 간장(2큰술)+설탕(1큰술)+물엿(2큰술)+참깨(0.5작은술)

오삼불고기
2인분
필수 재료: 삼겹살(1줌=150g), 오징어(1마리=150g)
선택 재료: 양파(½개), 대파(½대), 풋고추(1개), 붉은 고추(1개)
양념장: 설탕(1큰술)+고춧가루(1.5큰술)+간장(1큰술)+고추장(3큰술)+다진 파(1큰술)+다진 마늘(0.5큰술)+다진 생강(1작은술)+깨소금(0.5작은술)+참기름(1작은술)+후춧가루(약간)

오징어고추장통구이
2인분
필수 재료: 오징어(1마리)
선택 재료: 쪽파(1대), 참깨(0.5작은술)
양념장: 설탕(0.5큰술)+고춧가루(2작은술)+청주(0.5큰술)+간장(0.5큰술)+고추장(2큰술)+다진 파(0.5큰술)+다진 마늘(1작은술)+다진 생강(0.5작은술)+깨소금(0.5작은술)+참기름(1작은술)+후춧가루(약간)

꽁치간장조림
2인분
필수 재료: 꽁치(2마리), 생강(1쪽)
양념장: 설탕(2큰술)+청주(3큰술)+간장(3큰술)+후춧가루(약간)

갈치카레구이
2인분
필수 재료: 갈치(2토막), 밀가루(2큰술),

카레가루(2큰술)
양념: 소금(1작은술)

어묵잔멸치볶음
2인분
필수 재료: 사각 어묵(1장), 잔멸치($\frac{3}{4}$컵=30g)
선택 재료: 쪽파(2대)
양념: 설탕(1작은술), 고춧가루(1작은술), 다진 마늘(1작은술), 간장(1작은술), 물엿(1큰술), 참깨(0.5작은술), 참기름(1작은술), 후춧가루(약간)

고등어무조림
2인분
필수 재료: 고등어(1마리=400g), 무($\frac{1}{8}$개=200g), 물(2컵)
선택 재료: 풋고추(1개), 대파($\frac{1}{2}$대)
양념: 소금(0.5작은술)
양념장: 설탕(1작은술)+고춧가루(1큰술)+청주(1.5큰술)+간장(1.3큰술)+물엿(0.5큰술)+고추장(1.5큰술)+다진 마늘(0.5큰술)+다진 생강(0.5작은술)+후춧가루(약간)+물($\frac{1}{2}$컵)

단호박샐러드
2인분
필수 재료: 단호박($\frac{1}{2}$개)
선택 재료: 아몬드 슬라이스(1큰술), 건포도(1큰술)
소스: 마요네즈(2큰술)+생크림(2큰술)+소금(약간)

해물파전
2인분
필수 재료: 쪽파($\frac{1}{2}$줌=50g), 달걀(1개), 굴(50g)
선택 재료: 붉은 고추($\frac{1}{2}$개)
반죽 재료: 물($\frac{1}{2}$컵), 소금(0.5작은술), 밀가루($\frac{1}{3}$컵), 쌀가루(3큰술)
양념: 밀가루($\frac{1}{4}$컵)
초간장: 간장(1큰술)+식초(1작은술)

시금치나물
2인분
필수 재료: 시금치($\frac{1}{2}$단=150g), 소금(0.5작은술)
양념: 소금(0.5작은술), 다진 파(1작은술), 다진 마늘(0.5작은술), 깨소금(0.5작은술), 참기름(1작은술)

청양고추멸치비빔장
2인분
필수 재료: 청양고추(5개), 굵은 멸치(12마리)
양념: 국간장(2작은술), 참기름(1작은술)

연두부시금치샐러드
2인분
필수 재료: 연두부(1개), 시금치(5줄기)
선택 재료: 양파($\frac{1}{4}$개), 방울토마토(5개)
드레싱: 깨소금(1큰술)+설탕(1작은술)+소금(약간)+식초(0.5큰술)+간장(1큰술)+식용유(1큰술)

피망잡채
2인분
필수 재료: 돼지고기(1줌=100g), 피망(2개), 양파($\frac{1}{2}$개)
선택 재료: 통조림 죽순($\frac{1}{2}$개), 마늘(1쪽), 생강(1쪽)
양념: 굴소스(2큰술), 설탕(1작은술), 후춧가루(약간), 참기름(1작은술)

〈맑고 깊은 겨울〉

무굴생채
2인분
필수 재료: 굴(100g), 무(1토막=200g)
선택 재료: 쪽파(3대)
양념: 소금(0.5작은술)
양념장: 설탕(0.5작은술)+고춧가루(1큰술)+멸치액젓(2작은술)+다진 마늘(0.5작은술)+다진 생강(0.3작은술)+참깨(0.5작은술)

무생채
2인분
필수 재료: 무(1토막=150g)
양념: 고운 고춧가루(1작은술)
양념장: 설탕(0.5큰술)+소금(1작은술)+식초(0.5큰술)+다진 파(1작은술)+다진 마늘(0.5작은술)+다진 생강(0.3작은술)+깨소금(0.5작은술)

무나물
2인분
필수 재료: 무(1토막=150g)
양념: 소금(0.5작은술), 다진 파(1작은술), 다진 마늘(0.5작은술)

우엉잡채
2인분
필수 재료: 우엉(1대)
선택 재료: 양파($\frac{1}{2}$개), 붉은고추(1개), 풋고추(2개)
양념: 참깨(0.7작은술), 참기름(0.7작은술), 후춧가루(약간)
양념장: 간장(1큰술), 청주(1큰술), 설탕(1작은술), 물엿(1큰술)

파래무무침
2인분
필수 재료: 생파래(1묶음), 무($\frac{1}{4}$토막=50g)
양념장: 설탕(0.5큰술)+고춧가루(0.5작은술)+식초(1큰술)+국간장(1작은술)+다진 마늘(0.5작은술)+다진 파(1작은술)+깨소금(0.5작은술)

말린애호박나물
2인분
필수 재료: 말린 호박(2줌=50g)
양념: 들기름(1큰술)
양념장: 국간장(2작은술)+다진 파(0.5큰술)+다진 마늘(1작은술)+깨소금(0.5작은술)+후춧가루(약간)

무간장피클
2인분
필수 재료: 무(300g), 소금(1작은술)
선택 재료: 붉은 고추($\frac{1}{2}$개), 통후추(5알)
피클액: 간장($\frac{3}{4}$컵)+식초($\frac{3}{4}$컵)+설탕($\frac{3}{4}$컵)+물($\frac{3}{4}$컵)

무말랭이무침
2인분
필수 재료: 무말랭이(1줌=50g), 고춧잎($\frac{1}{2}$줌=10g)
양념장: 설탕(1작은술)+고춧가루(3큰술)+멸치액젓(1.3큰술)+간장(1큰술)+물엿(3큰술)+다진 마늘(1큰술)+다진 생강(1작은술)+참깨(1작은술)

굴전
2인분
필수 재료: 굴(10개), 달걀(1개), 밀가루(3큰술)

미역줄기볶음
2인분
필수 재료: 미역줄기(2줌=200g)
양념: 간장(2작은술)+다진 마늘(0.5큰술)+참깨(1작은술)

코다리양파찜
2인분
필수 재료: 코다리(2마리)
선택 재료: 양파(½개), 청양고추(2개), 대파(½대)
양념장: 설탕(0.5큰술)+고춧가루(2작은술)+간장(0.7큰술)+생강즙(1작은술)+까나리 액젓(1큰술)+새우젓(1큰술)+다진 마늘(1큰술)+다진 생강(1작은술)+들기름(1큰술)+물(⅓컵)

시래기된장찜
2인분
필수 재료: 삶은 시래기(3줌), 국물용 멸치(6개), 다시마(10x10cm, 1장), 물(3컵)
선택 재료: 대파(½대)
양념장: 된장(6큰술)+고추장(1.5큰술)+다진 마늘(2큰술)

멸치무조림
2인분
필수 재료: 무(6토막=300g), 국물용 멸치(8개)
선택 재료: 대파(½대), 마늘(1쪽)
양념장: 물(1컵)+설탕(1큰술)+고춧가루(1큰술)+간장(2.7큰술)

꼬막달래무침
2인분
필수 재료: 꼬막(3컵=300g)
선택 재료: 달래(10뿌리)
양념장: 고춧가루(0.5큰술)+청주(0.5큰술)+간장(1큰술)+다진 마늘(0.5작은술)+물엿(1작은술)+깨소금(0.5작은술)

Part3
일년 내내 찾는 매일 반찬

북어회초무침
2인분
필수 재료: 북어포(1줌=30g)
양념장: 설탕(0.5큰술)+고춧가루(1작은술)+식초(1큰술)+청추(1큰술)+물(1큰술)+고추장(2큰술)+물엿(1큰술)+다진 파(1작은술)+다진 마늘(0.5작은술)

콩나물무침
2인분
필수 재료: 콩나물(1봉지=200g), 소금(0.5작은술)
양념: 다진 파(0.5큰술), 다진 마늘(1작은술), 깨소금(0.5작은술), 소금(약간), 고춧가루(1작은술)

청포묵무침
2인분
필수 재료: 청포묵(½모), 김(1장), 쪽파(2대)
양념: 소금(0.3작은술), 참기름(1작은술), 깨소금(0.5작은술)

감자양파간장조림
2인분
필수 재료: 감자(1개=200g), 양파(½개)
선택 재료: 풋고추(1개)
양념장: 간장(2큰술)+설탕(1큰술)+다진 파(0.5큰술)+다진 마늘(1작은술)+참기름(1작은술)+깨소금(0.5작은술)+후춧가루(약간)

어묵고추볶음
2인분
필수 재료: 사각 어묵(2장)
선택 재료: 풋고추(1개), 붉은 고추(1개)
양념: 설탕(1작은술), 다진 마늘(1작은술), 간장(2작은술), 물엿(0.5큰술), 참기름(1작은술), 참깨(0.5작은술), 후춧가루(약간)

고사리나물
2인분
필수 재료: 삶은 고사리(1줌=150g), 다진 쇠고기(½컵=70g)

쇠고기 양념장: 설탕(0.5작은술)+간장(1작은술)+다진 파(0.5작은술)+다진 마늘(0.3작은술)+깨소금(약간)+참기름(약간)+후춧가루(약간)
고사리 양념장: 국간장(2작은술)+다진 파(1작은술)+다진 마늘(0.5작은술)+깨소금(0.5작은술)+참기름(1작은술)+후춧가루(약간)

감자채햄볶음
2인분
필수 재료: 감자(1개=150g), 햄(30g), 소금(0.2)
선택 재료: 양파(⅛개), 풋고추(1개)
양념: 소금(0.5작은술), 후춧가루(약간), 참깨(약간)

채소달걀말이
2인분
필수 재료: 달걀(4개), 소금(0.5작은술)
선택 재료: 당근(⅛개), 시금치(1줌)

치즈달걀말이
2인분
필수 재료: 달걀(4개), 소금(0.5작은술), 슬라이스 치즈(1장)
선택 재료: 양파(⅛개), 부추(약간)

달걀찜
2인분
필수 재료: 달걀(3개), 물(¾컵), 새우젓 국물(1큰술)
선택 재료: 청주(1큰술), 쪽파(1대)

미역초무침
2인분
필수 재료: 불린 미역(100g), 오이(½개)
양념장: 설탕(1작은술)+소금(0.5작은술)+식초(1큰술)+다진 마늘(0.5작은술)

애느타리버섯구이
2인분
필수 재료: 애느타리버섯(3줌=150g)
밑간: 올리브유(1큰술), 소금(0.3작은술), 후춧가루(약간)
소스: 간장(0.7큰술)+맛술(0.7큰술)+설탕(1작은술)+물엿(0.5큰술)

작은술)+참기름(2작은술)

콩나물파무침
2인분
필수 재료: 콩나물(150g), 대파(2대)
양념: 소금(0.5작은술), 고춧가루(0.5큰술), 다진 마늘(1작은술), 참기름(1큰술), 깨소금(0.5작은술)

매운참치볶음
2인분
필수 재료: 참치 통조림(1캔=150g)
선택 재료: 감자($\frac{1}{2}$개), 당근($\frac{1}{3}$개), 양파($\frac{1}{3}$개), 청양고추(2개)
양념장: 고추장(2큰술)+케첩(1큰술)+올리고당(1큰술)

달걀장조림
2인분
필수 재료: 달걀(7개)
양념장: 간장(5큰술)+설탕(1큰술)

쥐치포고추장무침
2인분
필수 재료: 쥐치포(4장)
양념장: 간장(1작은술)+다진 마늘(1작은술)+고추장(2큰술)+물엿(1.5큰술)+참깨(1작은술)+참기름(0.5작은술)

북어포고추장무침
2인분
필수 재료: 북어포(1$\frac{1}{2}$줌=30g)
양념: 식용유(1큰술), 참기름(1작은술)
양념장: 고춧가루(0.5큰술)+간장(2작은술)+다진 파(0.5큰술)+다진 마늘(1작은술)+물엿(1.5큰술)+고추장(2큰술)+참깨(1작은술)

진미채고추장무침
2인분
필수 재료: 진미채(1$\frac{1}{2}$줌=80g)
양념: 마요네즈(1큰술), 고운 고춧가루(1큰술), 참깨(1작은술)
양념장: 설탕(0.5큰술)+간장(1작은술)+다진 마늘(1작은술)+다진 생강(0.5작은술)+고추장(2큰술)+물엿(2큰술)

말린꼴뚜기조림
2인분
필수 재료: 말린 꼴뚜기(1컵)
선택 재료: 풋고추(1개), 마늘(2쪽)
양념: 간장(1큰술)+설탕(0.5큰술)+물엿(1큰술)+참깨(약간)

진미채간장볶음
2인분
필수 재료: 진미채(80g)
양념: 배즙(4큰술), 마요네즈(1큰술), 참깨(1작은술)
양념장: 설탕(0.5큰술)+간장(1.3큰술)+물엿(1큰술)+다진 마늘(1작은술)+다진 생강(0.5작은술)+청주(1큰술)+참기름(1작은술)

마른새우볶음
2인분
필수 재료: 건새우(2컵)
양념: 식용유(1큰술), 고추기름(0.5큰술)
양념장: 설탕(1작은술)+청주(1작은술)+간장(1큰술)+물엿(1큰술)+생강즙(0.5작은술)+다진 마늘(1작은술)

기본쌈장
2인분
필수 재료: 된장(3큰술), 고추장(1.5큰술)
선택 재료: 풋고추(1개)
양념: 다진 파(1큰술)+다진 마늘(0.5큰술)+참깨(1작은술)+참기름(1큰술)

쇠고기쌈장
2인분
필수 재료: 다진 쇠고기($\frac{1}{4}$컵=30g), 된장(3큰술), 고추장(1.5큰술)
선택 재료: 양파($\frac{1}{4}$개), 마른 표고 불린 것(1장), 청양고추(1개)
양념: 다진 파(1큰술), 다진 마늘(0.5큰술), 참깨(1작은술), 참기름(1작은술)

마른김무침
2인분
필수 재료: 김(5장)
선택 재료: 쪽파(1대)
양념장: 간장(1.7큰술)+물엿(1큰술)+설탕(1작은술)+참깨(1작은술)+고춧가루(1

고운오징어채볶음
2인분
필수 재료: 고운 오징어채(2줌=60g)
양념: 식용유(2.5작은술)
양념장: 간장(2작은술)+물엿(1큰술)+참깨(0.5작은술)

삼겹살구이김치볶음
2인분
필수 재료: 삼겹살(2줌=200g), 익은 배추김치($\frac{1}{4}$쪽=$\frac{1}{6}$포기)
선택 재료: 대파(1대)
양념: 소금(약간), 후춧가루(약간)
양념장: 고추장(1큰술)+고춧가루(1작은술)+설탕(0.5작은술)

돼지고기생강장구이
2인분
필수 재료: 돼지고기 목살(200g)
밑간: 다진 생강(1작은술)+청주(1큰술)+후춧가루(약간)
양념장: 설탕(1큰술)+간장(2.7큰술)+청주(1큰술)+물엿(1.5큰술)+다진 마늘(0.5큰술)+다진 생강(0.5큰술)+후춧가루(약간)

소시지케첩조림
2인분
필수 재료: 비엔나 소시지(12개)
선택 재료: 양파($\frac{1}{4}$개), 피망($\frac{1}{4}$개)
양념장: 설탕(1큰술)+간장(1큰술)+토마토케첩(3큰술)+물엿(1큰술)

어묵소시지간장조림
2인분
필수 재료: 어묵소시지(200g)
선택 재료: 대파($\frac{1}{2}$대)
양념장: 설탕(1작은술)+청주(2작은술)+간장(1.3큰술)+물엿(1큰술)+참깨(0.5작은술)

두부매운찜
2인분
필수 재료: 두부(1모=400g)
선택 재료: 파($\frac{1}{2}$대)
양념장: 물($\frac{1}{2}$컵)+설탕(2작은술)+고춧

가루(1큰술)+간장(3큰술)+다진 파(1큰술)+다진 마늘(0.5큰술)+깨소금(0.5작은술)+참기름(1작은술)

- -

가래떡소불고기
2인분
필수 재료: 불고기용 쇠고기(2줌=200g), 가래떡(1줄)
선택 재료: 쪽파(2대)
양념장: 설탕(2작은술)+간장(1.3큰술)+다진 파(0.5큰술)+다진 마늘(1작은술)+깨소금(0.5작은술)+참기름(0.5작은술)

- -

닭간장불고기
2인분
필수 재료: 닭고기살(3쪽=400g)
선택 재료: 양파(½개), 쪽파(2대)
양념장: 흑설탕(2큰술)+청주(2큰술)+간장(3큰술)+다진 마늘(0.5큰술)+다진 생강(1작은술)
소스: 식용유(1큰술)+식초(0.5큰술)+설탕(1작은술)+소금(약간)

- -

팽이버섯삼겹살말이조림
2인분
필수 재료: 팽이버섯(1봉), 삼겹살 얇게 썬 것(1 ½줌=150g)
양념장: 설탕(0.5큰술)+청주(1큰술)+간장(1.3큰술)+물엿(0.5큰술)+후춧가루(약간)+생강(1쪽)

- -

닭고기고추장양념구이
2인분
필수 재료: 닭고기살(4쪽=400g), 물(½컵)
밑간: 청주(1큰술)+다진 생강(1작은술)+후춧가루(약간)
양념장: 설탕(2작은술)+간장(2작은술)+고추장(1큰술)+케첩(2큰술)+다진 마늘(0.5큰술)+생강즙(1작은술)+고추기름(1큰술)+후춧가루(약간)

- -

삼겹살김치찜
2인분
필수 재료: 통삼겹살(1덩이=300g), 묵은 김치(1쪽=½포기), 대파(½대)
향신 재료: 대파(½대), 마늘(2쪽), 생강(1쪽), 청주(3큰술)
양념장: 김치 국물(1컵)+다진 마늘(1큰

술)+설탕(1큰술)+후춧가루(약간)
다시마물: 다시마(5x5cm, 1장), 물(3½컵)

- -

감자샐러드
2인분
필수 재료: 감자(1개)
선택 재료: 오이(⅓개), 스모크햄(50g), 양파(½개)
소스: 설탕(0.5작은술)+식초(1작은술)+마요네즈(1큰술)+플레인 요구르트(1큰술)+소금(약간)+후춧가루(약간)

- -

감자햄참깨소스샐러드
2인분
필수 재료: 감자(1개=100g)
선택 재료: 스모크햄(50g), 셀러리(1줄기)
소스: 설탕(0.5큰술)+깨소금(1큰술)+식초(0.5큰술)+마요네즈(1.5큰술)+소금(약간)

- -

오리엔탈드레싱샐러드
2인분
필수 재료: 양상추(2장), 토마토(1개)
선택 재료: 적양파(¼개), 새싹채소(1줌)
드레싱: 깨소금(1작은술)+설탕(1큰술)+식초(1큰술)+간장(1큰술)+식용유(2큰술)+참기름(1작은술)

- -

감자전
2인분
필수 재료: 감자(1개), 밀가루(1컵), 물(1컵)
선택 재료: 쪽파(3대)
양념: 소금(약간)
초간장: 간장(0.7큰술)+식초(0.7작은술)

- -

구운버섯샐러드
2인분
필수 재료: 애느타리버섯(1팩=150g)
선택 재료: 베이컨(3줄), 대파 흰부분(4cm)
소스: 식초(1큰술)+토마토케첩(1큰술)+꿀(1큰술)+플레인 요구르트(2큰술)+간 양파(1큰술)+소금(약간)+올리브유(3큰술)

- -

닭고기겨자샐러드
2인분
필수 재료: 닭가슴살(2쪽)
선택 재료: 청오이(⅓개), 붉은 파프리카

(⅓개), 배(⅓개)
소스: 설탕(1큰술)+연겨자(1큰술)+식초(2큰술)+다진 마늘(1큰술)+소금(약간)+참기름(1작은술)

- -

생선전
2인분
필수 재료: 동태포(8개=150g), 달걀(1개), 밀가루(3큰술)
초간장: 간장(0.7큰술)+식초(0.7작은술)
양념: 소금(약간), 후춧가루(약간)

- -

두부동그랑땡
2인분
필수 재료: 두부(½모)
선택 재료: 쪽파(1대), 다진 당근(1.5큰술), 다진 양파(1.5큰술), 달걀(1개)
양념: 소금(약간), 후춧가루(약간)
초간장: 간장(0.7큰술)+식초(0.7작은술)

- -

두부깨전
2인분
필수 재료: 두부(½모), 참깨(2큰술) 소금(약간), 밀가루(약간), 달걀(1개)
선택 재료: 붉은 고추(½개), 대파 흰 부분(4cm)

- -

김치전
2인분
필수 재료: 신김치(1컵), 밀가루(1컵), 김치 국물(½컵), 물(½컵)

- -

어묵소시지전
2인분
필수 재료: 어묵 소시지(½개=100g), 밀가루(3큰술), 달걀(1개)
선택 재료: 쪽파(2대)

- -

닭고기매운채소볶음
2인분
필수 재료: 닭고기 넓적다리 살(2줌=300g)
선택 재료: 양파(½개), 깻잎(10장), 양배추(100g), 대파(1대)
밑간: 청주(1.3큰술), 생강(1작은술)
양념장: 설탕(0.5큰술)+고춧가루(1.5큰술)+간장(2큰술)+고추장(1.5큰술)+물엿

(1.5큰술)+참기름(1작은술)+다진 마늘(1
큰술)

샤브샤브샐러드
2인분
필수 재료: 대패 삼겹살(2줌=100g), 양
상추(2줌=100g)
선택 재료: 모둠 채소(1줌=50g), 방울토
마토(5개)
양념: 된장(1큰술), 생강(1쪽)
드레싱: 미소된장(1큰술)+설탕(1큰술)+
깨소금(1작은술)+식초(2큰술)+오렌지주
스(2큰술)+올리브유(2큰술)

이탈리안드레싱과 달걀샐러드
2인분
필수 재료: 달걀(2개), 어린잎채소(1줌
=100g), 양상추(1줌=100g)
드레싱: 토마토(½개)+다진 피클(0.7큰
술)+다진 양파(1큰술)+다진 마늘(0.5작은
술)+식초(1.5큰술)+설탕(2작은술)+소금
(약간)+후춧가루(약간)+올리브유(3큰술)

Part 4
사계절 보약 김치와 저장반찬

배추김치
2인분
필수 재료: 배추(1포기=2.5kg), 굵은 소
금(½컵), 고춧가루(⅔컵)
소금물: 물(5컵)+굵은 소금(½컵)
선택 재료: 무(½개=400g), 쪽파(½줌
=50g)
찹쌀풀: 물(1컵), 찹쌀가루(1큰술)
양념장: 멸치액젓(½컵), 새우젓(½컵),
다진 마늘(½컵), 설탕(1큰술), 다진 생강
(2큰술)

알타리김치
2인분
필수 재료: 알타리 무(1단=2.5kg)
찹쌀풀: 물(1컵), 찹쌀가루(1큰술)
양념: 멸치액젓(1컵)
양념장: 고춧가루(1컵)+설탕(2큰술)+다
진 마늘(3큰술)+ 다진 생강(1큰술)

배추겉절이
2인분
필수 재료: 배추(½포기=300g), 굵은 소
금(2큰술), 참깨(1작은술)
선택 재료: 쪽파(2대)
양념장: 고춧가루(4큰술)+액젓(1.7큰
술)+찹쌀풀(2큰술)+설탕(0.5큰술)+다진
마늘(1큰술)+다진 생강(1작은술)+참깨(1
작은술)+참기름(1작은술)

깍두기
2인분
필수 재료: 무(½개=1kg), 굵은 소금(2
큰술), 고춧가루(4큰술)
선택 재료: 쪽파(½줌)
양념장: 설탕(1큰술), 새우젓(3큰술), 다
진 마늘(1큰술), 다진 생강(1작은술)

열무김치
2인분
필수 재료: 열무(1단=1.2kg)
선택 재료: 청양고추(1개), 양파(½개),
쪽파(3대)
밀가루풀: 물(3컵), 밀가루(3큰술)
소금물: 물(3컵)+굵은 소금(1큰술)
양념: 붉은 고추(5개), 마늘(5쪽), 생강(1
쪽), 액젓(3큰술), 새우젓(1.5큰술), 설탕
(1.5큰술), 고춧가루(½컵)

열무물김치
2인분
필수 재료: 열무(½단=200g), 무(1토막
=100g), 굵은 소금(1큰술)
선택 재료: 풋고추(1개), 붉은 고추(1개),
양파(½개), 쪽파(3대), 마늘(2쪽), 생강(1
쪽)
밀가루풀: 물(1컵), 밀가루(1큰술)
양념: 물(1½컵), 소금(1큰술), 설탕(1큰
술), 고춧가루(1큰술)

알타리동치미
2인분
필수 재료: 알타리 무(10개), 물(½컵),
굵은 소금(½컵)
선택 재료: 쪽파(5대), 마늘(3쪽), 생강(1
쪽), 삭힌 고추(5개)
국물: 물(12컵)+굵은 소금(3큰술)+설탕
(3큰술)

오이소박이
2인분
필수 재료: 오이(3개), 부추(½개=50g),
물(4큰술)
소금물: 물(3컵)+소금(3큰술)
양념장: 고춧가루(2큰술)+다진 파(1.5큰
술)+다진 마늘(1큰술)+다진 생강(1작은
술)+다진 새우젓(1큰술)+설탕(약간)+물
(2큰술)

오이물김치
2인분
필수 재료: 오이(2개), 소금(1.5큰술), 무
(1토막=100g)
선택 재료: 쪽파(3대), 붉은 고추(1개)
양념: 액젓(1큰술), 다진 마늘(0.5큰술),
다진 생강(0.5큰술), 설탕(1작은술)
국물: 물(1컵)+소금(1작은술)

파김치
2인분
필수 재료: 쪽파(1단=500g), 멸치액젓
(½컵), 고춧가루(½컵)
찹쌀풀: 물(⅓컵), 찹쌀가루(1큰술)
양념장: 설탕(1.5큰술)+다진 마늘(2큰
술)+다진 생강(0.5큰술)

Part 5
SSG 정미경의 사계절 반찬의
베스트 메뉴 15

아삭이고추무침
2인분
필수 재료: 아삭이 고추(5개)
양념장: 맛술(1큰술)+다진 파(1큰술)+다
진 마늘(1작은술)+된장(4큰술)+고추장
(0.5큰술)+올리고당(2큰술)+참깨(0.5작
은술)

오이부추겉절이
2인분
필수 재료: 오이(3개), 부추(1줌, 100g)
양념: 소금(1)
양념장: 설탕(1작은술)+고춧가루(2큰
술)+액젓(1큰술)+다진 마늘(1큰술)+다진
생강(0.5작은술)

마늘종고추장무침
2인분
필수 재료: 마늘종 (500g)
양념장: 고춧가루(2큰술)+액젓(1큰술)+
다진 마늘(1작은술)+다진 생강(0.3작은
술)+고추장(3큰술)+올리고당(1.5큰술)+
참깨(1작은술)

생깻잎겉절이
2인분
필수 재료: 깻잎(30장), 밤(2개), 붉은 고
추(½개)
양념장: 설탕(1큰술)+고춧가루(3큰술)+
간장(3큰술)+청주(2큰술)+액젓(1작은
술)+다진 파(1큰술)+다진 마늘(1작은
술)+올리고당(1큰술)

해파리냉채
2인분
필수 재료: 해파리(300g), 청오이
(10cm), 배(⅓개)
선택 재료: 빨간색, 노란색, 주황색 파프
리카(각 ⅓개씩)
해파리 밑 양념: 설탕(3큰술), 식초(3큰
술)
양념장: 설탕(2큰술)+소금(0.5큰술)+식
초(2큰술)+발효겨자(1큰술)+다진 마늘
(0.5큰술)+참기름(1작은술)

통더덕무침
2인분
필수 재료: 더덕(300g), 쪽파(1대), 소금
(0.3큰술), 참깨(0.2큰술)
양념장: 설탕(1큰술)+고운 고춧가루(1
큰술)+고춧가루(2큰술)+액젓(1.3큰술)+
다진 마늘(0.5큰술)+다진 생강(0.5작은
술)+올리고당(1큰술)

시래기나물
2인분
필수 재료: 삶은 시래기(200g), 대파
(10cm)
양념장: 들기름(1.3큰술), 다시마 멸치
육수(1컵), 국간장(1큰술), 다진 마늘(1작
은술), 들깻가루(3큰술)

양념게장
4인분
필수 재료: 냉동 절단 꽃게(500g), 양파
(½개)
선택 재료: 풋고추(1개), 붉은 고추(1개)
양념장 재료: 설탕(1큰술)+고운 고춧가
루(4큰술)+간장(4큰술)+소주(2큰술)+액
젓(1큰술)+다진 생강(1작은술)+물엿(5큰
술)+참기름(1큰술)

간장게장
4인분
필수 재료: 마늘(3쪽), 생강(1쪽), 암 꽃
게(5마리)
선택 재료: 다시마(5x5cm, 2장), 가다랑
어포(½줌), 풋고추(1개), 붉은 고추(1개)
양념장: 설탕(4큰술)+진간장(4컵)+소주
(½컵)

닭매운볶음탕
2인분
필수 재료: 닭(1마리), 감자(1개, 200g),
당근(½=100g), 양파(1개), 대파(20cm)
양념장: 설탕(1큰술)+고춧가루(2큰술)+
청주(2큰술)+간장(2큰술)+다진 마늘(1
큰술)+다진 생강(1작은술)+참기름(1작은
술)+고추장(4큰술)+후춧가루(약간)

제육볶음
2인분
필수 재료: 돼지고기(목살 또는 앞다리
살, 300g), 대파(15cm)
선택 재료: 양파(½개), 양배추(2장), 당
근(⅓개=50g)
양념장: 설탕(1큰술)+고춧가루(1큰술)+
간장(1큰술)+다진 마늘(0.5큰술)+다진
생강(1작은술)+고추장(3큰술)+후춧가루
(약간)

갈치조림
4인분
필수 재료: 갈치(1마리), 무(300g), 물(2컵)
선택 재료: 풋고추(1개), 대파(15cm)
갈치 밑간: 소금(0.3)
양념장: 설탕(0.7큰술)+고춧가루(2큰
술)+물(½컵)+간장(2큰술)+청주(1.5큰
술)+다진 마늘(0.5큰술)+다진 생강(1작
은술)+고추장(1.5큰술)+후춧가루(약간)

고추장멸치볶음
4인분
필수 재료: 작은멸치(1컵)
양념장: 청주(1.3큰술)+고운 고춧가루
(0.3큰술)+고추장(0.5큰술)
양념: 다진 마늘(0.5큰술), 올리고당(1큰
술), 참깨(1작은술), 참기름(1작은술)

뱅어포구이
2인분
필수 재료: 뱅어포(5장), 참깨(1)
양념장: 간장(0.5작은술)+다진 마늘(1작
은술)+물엿(2큰술)+고추장(2큰술)+참기
름(1작은술)

코다리조림
4인분
필수 재료: 코다리(2마리)
선택 재료: 건고추(2개), 마늘(2쪽)
양념장: 설탕(1큰술)+간장(4큰술)+맛술
(2큰술)+다진 생강(1작은술)+올리고당
(2큰술)+후춧가루(약간)